HISTOIRE GÉNÉRALE

ET ICONOGRAPHIE

DES LÉPIDOPTÈRES

ET

DES CHENILLES

DE L'AMÉRIQUE SEPTENTRIONALE.

AVIS DE L'UN DES AUTEURS.

Quelques uns de nos souscripteurs se sont plaints que, si le coloris des espéces dont nous avons donné la figure était très soigné, il n'en était pas de même du dessin; que dans la plupart des individus les corps avaient une forme vicieuse, que les pattes et les ailes étaient mal attachées, et les nervures souvent négligées. Je suis le premier à reconnaître qu'avec la perfection que l'on est en droit d'attendre à l'époque où nous sommes, ce reproche est très fondé; mais je dois dire pour ma justification que les dessins de cet ouvrage ne sont pas faits en France, qu'ils ont été exécutés dans l'Amérique du nord par M. Abbot ou par mon collaborateur, M. Leconte de New-Yorck, qui se sont bien plus appliqués à rendre fidèlement le dessin et la couleur des ailes qu'à bien modeler les corps ou les pattes. Jusqu'à ce jour je n'avais osé rien changer aux figures originales qui sont entre mes mains; mais à l'avenir pour éviter ce reproche, et de concert avec le nouvel éditeur qui ne néglige jamais aucun sacrifice pour porter aussi loin que possible la perfection des ouvrages dont la publication lui est confiée, je ferai retoucher sur la nature tous les dessins de M. Abbot, et je les ferai refaire entièrement quand ils offriront quelques inexactitudes. MM. les souscripteurs peuvent donc être assurés qu'à partir de la dixième livraison nos figures n'offriront plus ces défauts.

D' BOISDUVAL.

IMPRIMERIE DE JULES DIDOT L'AINE,
rue du Pont-de-Lodi, n° 6.

HISTOIRE GÉNÉRALE

ET ICONOGRAPHIE

DES LÉPIDOPTÈRES

ET

DES CHENILLES

DE L'AMÉRIQUE SEPTENTRIONALE,

PAR LE DOCTEUR BOISDUVAL,

Membre de plusieurs Sociétés savantes nationales et étrangères;

ET M. JOHN LECONTE, DE NEW-YORCK,

Major du génie et membre de plusieurs Académies.

TOME PREMIER.

PARIS,

LIBRAIRIE ENCYCLOPÉDIQUE DE RORET,

RUE HAUTEFEUILLE, AU COIN DE CELLE DU BATTOIR.

1833.

HISTOIRE GÉNÉRALE

ET ICONOGRAPHIE

DES LÉPIDOPTÈRES

ET

DES CHENILLES

DE L'AMÉRIQUE SEPTENTRIONALE.

PREMIÈRE FAMILLE.

DIURNES, *DIURNI*, Lat.
(*Papilio*, *Linn.*, *Geoff.*)

Les quatre ailes, ou au moins *les premières*, *élevées* dans le repos; point de frein au bord antérieur des secondes ailes; *antennes* sensiblement *plus grosses* à leur extrémité.

Cette nombreuse famille, créée par M. Latreille, répond aux *Ropalocères* ou *Globulicornes* de M. Duméril; elle renferme toutes les espèces que l'on désigne vulgairement sous le nom de *Papillons de jour*, parce qu'effectivement elles ne volent que pendant le jour.

PREMIÈRE TRIBU.

PAPILLONIDES. (*Papilionides, Bdv.*)

Les quatre ailes *toujours élevées et conniventes pendant le repos* : jambes postérieures n'ayant qu'une paire d'ergots; massue des antennes droite, jamais crochue à l'extrémité.

Chenilles glabres ou pubescentes, rarement épineuses, souvent épaisses ou raccourcies.

Chrysalide *toujours fixée par l'extrémité, et par le milieu du corps à l'aide d'un lien qui l'attache, à la manière d'une ceinture,* très-rarement renfermée dans un tissu arachnoïdien. (Dans ce dernier cas, chenille pourvue de tentacules charnus et rétractiles, *Parnassius.*)

Cette tribu, extrêmement nombreuse, comprend tous les papillons appelés *Chevaliers, Piérides, Coliades, Polyommates,* etc.

GENRE PAPILLON. *Papilio.*

Palpes inférieurs très-courts, atteignant à peine le chaperon, obtus à leur extrémité supérieure, le troisième ou dernier article peu distinct; boutons des antennes ordinairement allongés en forme de poire; ailes inférieures ayant à leur bord interne un repli ou duplicature qui n'embrasse pas le dessous du corps;

corselet à peu près de la largeur de l'abdomen; corps plus ou moins velu, un peu comprimé; six pattes propres à la marche; cellule discoïdale des secondes ailes fermée.

Chenilles glabres, lisses ou garnies de pointes ou de bourgeons charnus, *toujours pourvues de deux tentacules rétractiles* placés sur le cou.

Les espèces de ce genre ont ordinairement les ailes inférieures dentées et terminées par une queue; dans les espèces dépourvues de cet appendice, elles présentent toujours des dentelures plus ou moins saillantes; les ailes sont larges, munies à leur base de muscles assez vigoureux; le corps est passablement gros, généralement peu allongé.

Les lépidoptères de ce genre ont été appelés par Linné *Equites, Chevaliers,* et il les a subdivisés en deux sections : ceux qui ont des taches rouges sur la poitrine, et qui sont souvent d'une couleur noire, forment sa première section, *Equites troes, Chevaliers troyens;* tandis que ceux qui en sont dépourvus, mais qui présentent une tache en forme d'œil près de l'angle anal, font partie de sa seconde subdivision, *Equites achivi, Chevaliers grecs.*

Ce genre est sans contredit l'un de ceux dont les formes sont les plus élégantes, et qui présente le plus de variété pour la beauté des couleurs. Les individus qui en font partie habitent les lieux découverts, les prairies, les jardins, etc.; mais leurs chenilles vivan rarement sur les arbres des forêts, ils sont moins fréquens dans ces dernières localités.

P. AJAX. Pl. I.

Pap. alis nigris, albido fasciatis; posticis caudatis, lunulis sex marginalibus, quatuor albidis, cæteris cærulescentibus; lunulis duabus analibus sanguineis.

Larva viridis, segmento quarto macula transversali flava, antice cyaneo marginata, segmento primo macula flava cyaneo intersecta; stigmatibus luteis.

Papilio Ajax, Smith-Abbot, *the Nat. Hist. of the rarer Lepid. Ins. of Georg.*, vol. I, tab. IV.
Papilio Ajax, Palisot de Beauvois, *Ins. recueillis en Afrique et en Am.*, IVᵉ livraison, pl. II, f. 2, p. 70.

Dans l'état actuel de la science, il est très-difficile, pour ne pas dire impossible, de savoir si c'est à celui-ci ou bien au précédent que Linné et Fabricius ont donné le nom d'*Ajax*. La phrase de Linné, *alis obtuse caudatis, concoloribus, fuscis, fasciis flavescentibus anguloque ani fulvo*, ne convient pas beaucoup mieux à l'un qu'à l'autre, puisque l'angle anal est au contraire d'un rouge écarlate dans l'un comme dans l'autre. Quant à celle de Fabricius, c'est une parodie de la phrase du naturaliste suédois, *alis caudatis, concoloribus fuscis, fasciis flavescentibus; posticis subtus strigis sanguineis anguloque ani fulvo*. Je ne sais pourquoi ces deux entomologistes ont employé le mot *fulvo* au lieu de *coccineo*, ou de *san-guineo*; car dans l'un comme dans l'autre l'angle anal est d'un rouge sanguin. Ochsenheimer, qui, d'après Borkhausen et Esper, a donné le papillon *Ajax* comme se trouvant en Europe, a évidemment confondu les deux espèces, puisqu'il cite comme synonymes la figure d'Esper, celle de Smith-Abbot et le papillon *Marcellus* de Cramer, qui sont deux espèces toutes différentes. Godart est tombé dans la même faute, puisqu'il a copié la synonymie d'Ochsenheimer, et qu'il a rapporté de même le *Marcellus* de Cramer et l'*Ajax* de Smith-Abbot comme étant deux individus semblables; sa phrase cependant convient parfaitement à l'*Ajax*, d'après lequel sans doute il l'aura faite, puisqu'il dit : *Alis nigris, albido fasciatis; posticis caudatis, lunulis* SEX *marginalibus, quatuor externis, albidis, cæteris cærulescentibus, macula anali sanguinea* LOBATA. On voit par ce qui précède qu'il règne pour ces deux espèces une confusion inextricable. C'est pourquoi je ne citerai pour synonyme qu'une ou deux des meilleures figures, et passerai sous silence les citations des anciens auteurs, en donnant le nom d'*Ajax* à celui qui a été figuré sous ce nom par Smith-Abbot, parce qu'ayant donné une excellente figure de la chenille, il mérite la préférence.

Il est de la taille de notre *Podalirius*. Le dessus des ailes est d'un noir brun avec des bandes d'un blanc un peu jaunâtre; la première, qui est à la base des ailes supérieures, est très-petite; la seconde est large et descend jusqu'au delà du milieu des inférieures; la troisième n'est qu'un trait blanchâtre; la quatrième est large, bifide supérieurement et descend sur le disque des inférieures. Viennent ensuite une cinquième et une sixième bande de plus en plus courtes, et enfin une septième qui est marginale et comme interrompue. Indépendamment des deux bandes dont j'ai parlé, on remarque sur les secondes ailes quatre lunules d'un blanc jaunâtre, deux autres lunules bleues, et à l'angle anal une double tache d'un rouge écarlate, appuyée inférieurement sur une lunule noire, qui est coupée transversalement par un trait bleu, et surmontée antérieurement d'une poussière grisâtre, dans laquelle viennent se perdre les extrémités des deux bandes ci-dessus. Ces mêmes ailes ont les dents à peu près égales, bordées de blanc dans les échancrures, et se terminent par une queue noire, linéaire, blanche à l'extrémité et sur les deux côtés de la base.

Le dessous est plus pâle que le dessus, et offre en outre une bande grisâtre très-étroite sur le côté interne de la bande marginale des premières ailes. Le dessous des secondes ailes diffère beaucoup de la surface opposée. Les lunules blanches marginales y sont précédées chacune par un trait noir, et les lunules bleues par un pareil nombre de croissans grisâtres. On y remarque en outre une ligne d'un rouge écarlate très-légèrement flexueuse, bordée de blanc intérieurement, qui sépare les deux bandes blanchâtres. Les deux taches rouges sont aussi surmontées de blanc.

Le corps est noirâtre avec deux lignes blanchâtres sur les côtés; les antennes sont brunes avec le dessous de la massue noirâtre.

Le mâle ne diffère pas sensiblement de la femelle.

La chenille est d'un vert pomme, avec deux lignes d'un blanc verdâtre au-dessus des pattes membraneuses; outre cela, on remarque à l'union du troisième avec le quatrième segment une bande transverse tricolore : la partie antérieure de cette bande est d'un bleu pâle; la partie moyenne est d'un bleu foncé et interrompue dans son milieu par un point jaune; enfin, la partie postérieure de cette même bande est d'un jaune vif; le premier segment offre aussi une tache jaune, divisée dans son milieu par un trait d'un bleu foncé. La tête, les pattes écailleuses et les pattes membraneuses sont vertes. Les stigmates sont un peu roussâtres; les tentacules rétractiles sont d'un jaune vif. La chrysalide est un peu ferrugineuse avec des lignes plus claires. Les stigmates sont noirâtres.

La chenille vit sur la *porcelia pygmæa*. Abbot dit qu'elle se nourrit aussi des feuilles de l'*anona palustris*. Les chenilles que l'on trouve à l'automne donnent leur papillon en mars, tandis que celles que l'on trouve au printemps éclosent à la fin de mai et en juin; mais on ne trouve plus ce papillon après cette époque. Il aime à se reposer sur les fleurs des arbres fruitiers, surtout dans les lieux frais. Il est assez commun en Géorgie; mais il est un peu plus rare en Virginie. Ce papillon a été indiqué par quelques auteurs comme se trouvant dans l'Europe méridionale; mais je suis persuadé qu'il n'y a jamais été vu vivant.

Nota. Smith dit qu'à l'état chenille il diffère beaucoup du *Podalirius*, qui, selon lui, n'a pas de tentacules rétractiles; c'est une erreur. Tous ceux des lépidoptères du genre *Papilio* dont je connais les chenilles possèdent ce caractère.

P. MARCELLUS. Pl. II.

Pap. alis nigris albido fasciatis, posticis longe caudatis; lunulis quinque marginalibus; tribus albidis, cæteris cærulescentibus, macula anali sanguinea.

Larva pallida, fasciis flavis; lineis violaceis, transversis; serie triplici punctorum nigrorum ad basin pedum; segmento tertio cingulo albo nigroque.

Papilio Marcellus, CRAM., *Pap. exot.*, IX, p. 4, pl. XCVIII, fig. f. g.
Papilio Ajax, HUBNER, *Pap. exotiq.*
Papilio Ajax, ESPER, *Pap. Eur.*, part. 1, tab. LI, cont. I, f. 1.

Il est un peu plus grand que l'*Ajax*, auquel il ressemble beaucoup; ses ailes sont d'un noir foncé avec des bandes blanches transverses : la première, qui est à la base, est étroite et descend jusqu'au milieu des inférieures; la seconde est large et descend aussi sur les secondes ailes; la troisième est un petit trait obscur et très-étroit, qui manque le plus souvent; la quatrième est large, bifide et descend sur le disque des inférieures; les cinquième et sixième sont très-courtes, surtout la dernière, qui ressemble plutôt à un gros point qu'à une bande; enfin, la septième, qui est marginale, est presque interrompue et descend jusqu'aux ailes inférieures.

Les ailes postérieures, outre les trois bandes blanches dont j'ai parlé, ont trois lunules marginales blanches et deux autres lunules bleues, ainsi qu'une tache d'un rouge de sang à l'angle anal; celle-ci est tantôt arrondie, tantôt triangulaire, mais jamais bilobée. Au-dessus de cette tache, on remarque un grand espace noir saupoudré d'atomes grisâtres; les dentelures de ces mêmes ailes sont à peu près égales et sont légèrement bordées de blanc dans les échancrures; la queue est longue, linéaire, noire, blanche à l'extrémité et bordée de blanc depuis le tiers antérieur jusqu'à l'endroit où le noir disparaît.

Le dessous des ailes supérieures est plus pâle que le dessus et offre en outre une ligne d'un blanc grisâtre au côté interne de la bande marginale.

Le dessous des ailes inférieures ressemble beaucoup à celui de l'*Ajax*. On y observe de même quatre lunules marginales coupées par un trait noir, quoiqu'il n'y en ait que trois sur la face opposée; les deux lunules bleues sont aussi surmontées chacune par un croissant blanchâtre. Entre les deux principales bandes blanches, il y existe de même une ligne un peu flexueuse, d'un rouge sanguin, bordée de blanc intérieurement ainsi que les deux taches rouges de l'angle anal, dont la plus interne correspond à celle du dessus, tandis que l'autre n'a point de correspondante.

On voit par la description ci-dessus qu'il n'est pas étonnant que tous les auteurs aient confondu cette espèce avec la précédente ; mais on la distinguera toujours de l'*Ajax* par sa taille plus grande et ses ailes beaucoup plus noires ; par l'angle anal, qui n'a jamais qu'une tache rouge en dessus ; par les queues, plus longues, plus larges, non bordées de blanc à leur base, et enfin parce qu'il n'y a que trois lunules blanches marginales sur les inférieures, tandis qu'il y en a toujours quatre dans l'*Ajax*.

Si cette espèce a beaucoup de ressemblance avec l'*Ajax* dans l'état parfait, elle en est extrêmement différente par la chenille. Celle-ci a le fond de la couleur blanchâtre avec des bandes jaunes et des lignes violâtres transversales, disposées ainsi : sur la partie antérieure de chaque anneau, il y a une bande jaune qui ne descend pas jusqu'aux pattes. Sur le premier segment, cette bande est un peu plus large que sur les autres, et elle est divisée en deux par une ligne violâtre ; entre chaque bande jaune il y a trois lignes violâtres, excepté sur les trois premiers anneaux, où il y en a quatre ou cinq. Outre cela, les interstices de chaque segment sont violâtres. Sur la partie antérieure du troisième segment, on remarque une bande blanche transverse, et à côté d'elle, un peu plus en arrière, une autre bande noire de même forme et de

même grandeur. La tête est d'un brun violacé; les
pattes membraneuses sont d'un blanc grisâtre, surmontées de trois lignes de points noirâtres. Les pattes écailleuses sont grisâtres, avec leur base lavée d'un peu de
jaune. Cette chenille vit, comme celle de l'espèce précédente, sur la *porcelia pygmæa.*

La chrysalide ressemble tout-à-fait, pour la forme et
la couleur, à celle de l'espèce précédente ; mais on remarque sur les stigmates une ligne noirâtre qui em-
pêche de distinguer ceux-ci.

Le papillon *Marcellus* n'est pas plus rare que l'*Ajax*;
il a à peu près les mêmes mœurs et se trouve dans les
mêmes localités. Il commence à éclore à la fin de
l'été, et continue de paraître pendant tout l'automne,
ce qui est le contraire pour l'*Ajax.*

D'après Esper, ce serait cette espèce, et non la précédente, qu'on aurait trouvée en Europe.

P. SINON. Pl. III.

Pap. alis nigris, fascia bifida strigisque subvirescenti-
albidis; posticis caudatis lunulis sex marginalibus al
bidis; macula anali sanguinea lobata.

Papilio Sinon, alis caudatis nigris; fascia integra;
strigis punctisque viridibus; posticis subtus linea san-
guinea, Fab., *Syst. Entom.,* p. 452, n. 59.

Papilio Sinon, Fab., *Sp. Ins.,* t. II, p. 15, n. 59.
Papilio Sinon, Fab., *Mant. Ins.,* t. II, p. 8, n. 67.

Papilio Sinon, Fab., *Entom. Syst. Em.,* t. III, pars 1,
   p. 26, n. 75.
Papilio Sinon,, Cram., P. 27, p. 57, pl. CCCXVII,
   fig. c. d. e. f.
Papilio Sinon, Herbst., P., tab. XLIV, f. 5, 6.
Papilio Sinon, God., *Encyclop., Ins.,* t. IX, pars 1,
   p. 55, n. 80.
Papilio Protesilaus, Drury, *Ins.,* I, pl. XXII, f. 3, 4.

Il a de grands rapports avec l'*Ajax,* mais il en est
cependant bien distinct. Il est de la même taille; ses
ailes sont d'un noir foncé, avec des bandes d'un blanc
jaunâtre, mais le plus ordinairement un peu verdâtre:
la première bande, qui est à la base, est étroite, linéaire, et descend sur les ailes inférieures jusqu'à la tache
rouge; la seconde est de la même largeur, un peu
coudée, s'élargissant sur les ailes inférieures, où elle
gagne la tache rouge; après cette bande il existe un
petit trait très-étroit, quelquefois nul; ensuite une
bande large au milieu, bifide supérieurement et se
terminant en pointe sur le disque des secondes ailes;
viennent après une petite bande très-courte, un gros
point de la même couleur, et enfin une bande marginale maculaire, composée de huit lunules. Indépendamment des bandes ci-dessus on observe sur les ailes
inférieures six lunules blanchâtres, marginales, et une
grosse tache anale, rouge, bilobée, placée un peu
obliquement, et plus grosse dans sa partie interne. Les
queues sont noires, linéaires, blanches à leur extrémité.

Le dessous des premières ailes est d'un noir brun, et laisse reparaître toutes les bandes du dessus.

Le dessous des ailes inférieures présente aussi les mêmes bandes que la surface opposée, mais on y remarque de plus une ligne rouge, placée sur une bande noire entre les deux principales bandes blanches; près de l'angle anal cette ligne se courbe, comme dans l'*Ajax*, mais au lieu de se dilater, comme dans ce dernier, pour former deux lunules rouges, elle se continue de la même largeur que sur le disque; seulement, au lieu d'être placée sur une bande noire, ici elle est bordée de blanc antérieurement et postérieurement. Les deux dernières lunules blanches offrent au-dessous d'elles quelques atomes grisâtres.

On distinguera facilement cette espèce de l'*Ajax* par les caractères suivans : les bandes, au lieu d'être blanchâtres, sont verdâtres, la bande postérieure est maculaire, les six lunules des ailes inférieures sont toutes blanchâtres sans exception; la queue est tant soit peu renflée dans son milieu; enfin la ligne rouge ne forme pas de lunule en dessous des inférieures, et le corps est toujours annelé de blanc.

Ce papillon habite la Floride, la Jamaïque et l'île de Cuba. Les individus de cette dernière île sont remarquables en ce qu'ils sont beaucoup plus verdâtres que ceux des autres localités.

P. ASTERIAS. Pl. IV.

Pap. alis subdentatis nigris; fasciis macularibus margi-nalibusque flavis; posticis caudatis; angulo ani fulvo, puncto atro.

Larva virescens, punctis alternatim nigris et lutcis, fasciis transversis dispositis; capite nigro lineato; pedibus nigro punctatis.

Papilio Asterias, alis caudatis, atris; fasciis duabus macularibus flavis; angulo ani fulvo punctoque atro, FAB., *Mant. Insect.*, t. II, p. 2, n. 13.

Papilio Asterias, FAB., *Entom. Syst. Em.*, t. III, pars 1, p. 6, n. 16.

Clerk Icones, t. XXXIII, f. 3, 4.

Papilio Asterias, GOD., *Encyclop. Ins.*, t. IX, pars 1, p. 58, n. 91.

Papilio Asterias, CRAM., *Pap.* XXXIII, p. 194, pl. GCCLXXXV, fig. c. d.

Papilio Troilus, SMITH-ABBOT, *the Nat. Hist. of the rarer Lepidop. Ins. of Georg.*, vol. I, p. 1, tab. I.

DRURY, *Insect.* I, tab. II, f. 2.

Il est de la taille du *P. Machaon;* ses ailes sont denticulées, d'un noir-brun foncé avec deux bandes maculaires, d'un jaune pâle : la première, placée un peu au-delà du milieu des supérieures, est composée sur celles-ci de huit taches plus ou moins triangulaires; elle traverse ensuite le milieu des secondes ailes, où elle n'est interrompue que par les nervures; la seconde.

tout-à-fait marginale, est composée de taches plus interrompues et plus petites que dans la précédente; sur les ailes supérieures elle est formée par huit ou neuf taches, et par six, la plupart lunulées, sur les ailes postérieures. Indépendamment des deux bandes ci-dessus, il y a sur les premières ailes, avant la première bande, deux gros points jaunâtres plus ou moins saillans; et sur les ailes inférieures, entre les deux bandes jaunes, six ou sept lunules bleues, dont les supérieures moins prononcées; et enfin à l'angle anal une tache fauve, marquée d'un point noir dans son milieu. Les échancrures sont bordées de jaunâtre, et les queues sont noires et assez courtes.

Le dessous des premières ailes est plus pâle que le dessus, et offre absolument le même dessin; mais la première bande est d'un fauve pâle au lieu d'être jaune, à l'exception des deux ou trois premières taches triangulaires qui ont souvent la même teinte qu'en dessus.

Le dessous des secondes ailes est aussi semblable au dessus pour le dessin, mais les deux bandes y sont d'un fauve orangé, à l'exception des deux dernières taches de la bande marginale, qui sont jaunâtres comme en dessus.

Le corps est noir, avec des points rougeâtres sur le devant du corselet, et trois séries de points jaunâtres sur les côtés.

Cette description ne concerne que le mâle; voici en quoi la femelle en diffère : La première bande est formée de taches plus petites, quelquefois presque nulles sur les ailes inférieures; mais dans beaucoup d'individus il n'y a pas de différence notable entre les deux sexes.

La chenille ressemble beaucoup à celle du *Papilio Machaon;* elle est d'un vert pomme, avec une bande transverse sur chaque segment, formée par des points alternativement noirs et jaunes, excepté sur les trois premiers, où la bande noire n'est interrompue par des points jaunes que vers les stigmates, tandis que sur le dos les points jaunes sont au-devant de la bande noire, au lieu de s'aligner avec elle : outre cela il y a trois points noirs sur la partie antérieure du premier segment et deux lignes de la même couleur sur la tête; les pattes ont la couronne noire avec un point de cette couleur à leur base.

Cette chenille vit sur la carotte, *daucus carota,* sur le fenouil, *anethum feniculum,* et sur beaucoup d'ombellifères.

La chrysalide est grisâtre, avec des ondes d'un brun ferrugineux.

Le papillon éclot trois fois par an; ceux qui paraissent au premier printemps passent l'hiver en chrysalide, les autres restent une quinzaine de jours sous l'état de nymphe.

Ce papillon a les mêmes mœurs que notre *Machaon;* il est assez facile à prendre. Il fréquente les jardins, le voisinage des lieux habités, et tous les endroits où croissent des ombellifères.

Il est commun en Virginie, en Géorgie; il se retrouve aussi aux Antilles, et s'étend jusque dans l'Amérique méridionale.

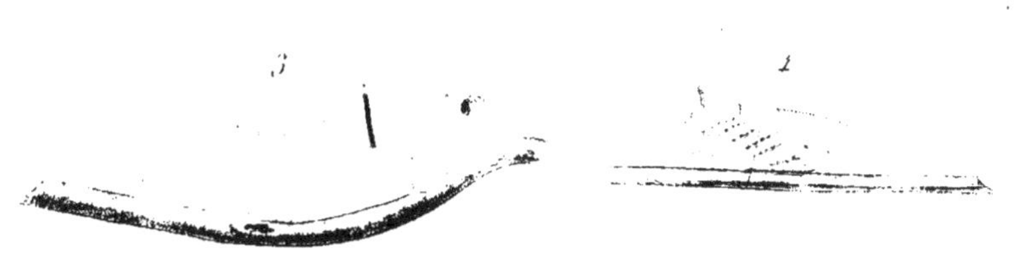

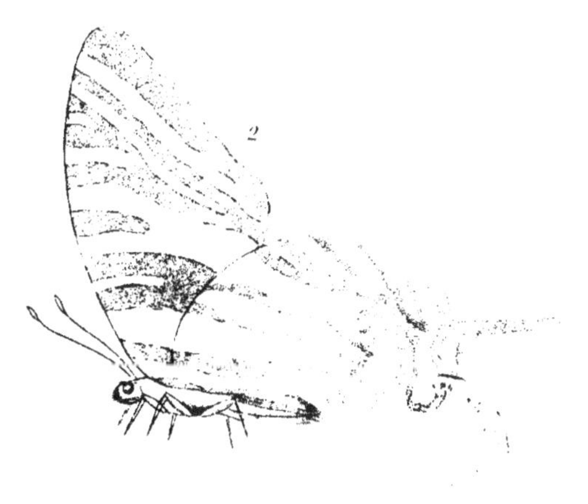

1. Papilio Ajax. 2. le dessous.
3. la Chenille. 4. la Chrysalide.

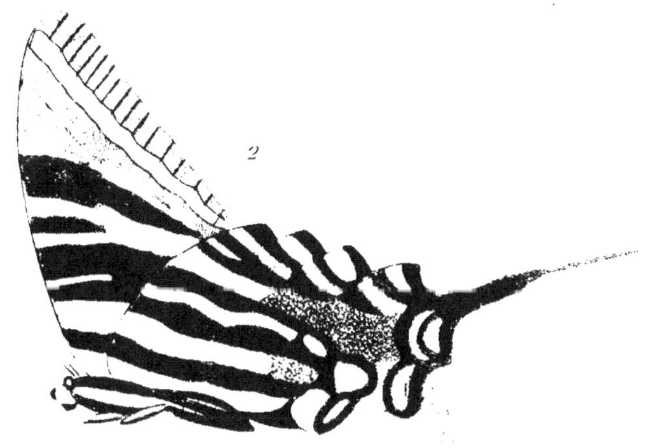

1. Papilio Marcellus.   2 le dessous.
3 la Chenille.   4 la Chrysalide.

1. Papilio Ajax (femelle). — 2 le dessous.

Eicou Pinxit.

C. Dumenil direxit.

1. Papilio. Asterias. 2. le dessous.
3. la Chenille. 4. la Chrysalide.

Abbott Pinxit. P. Duménil dir.t

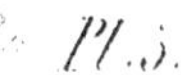

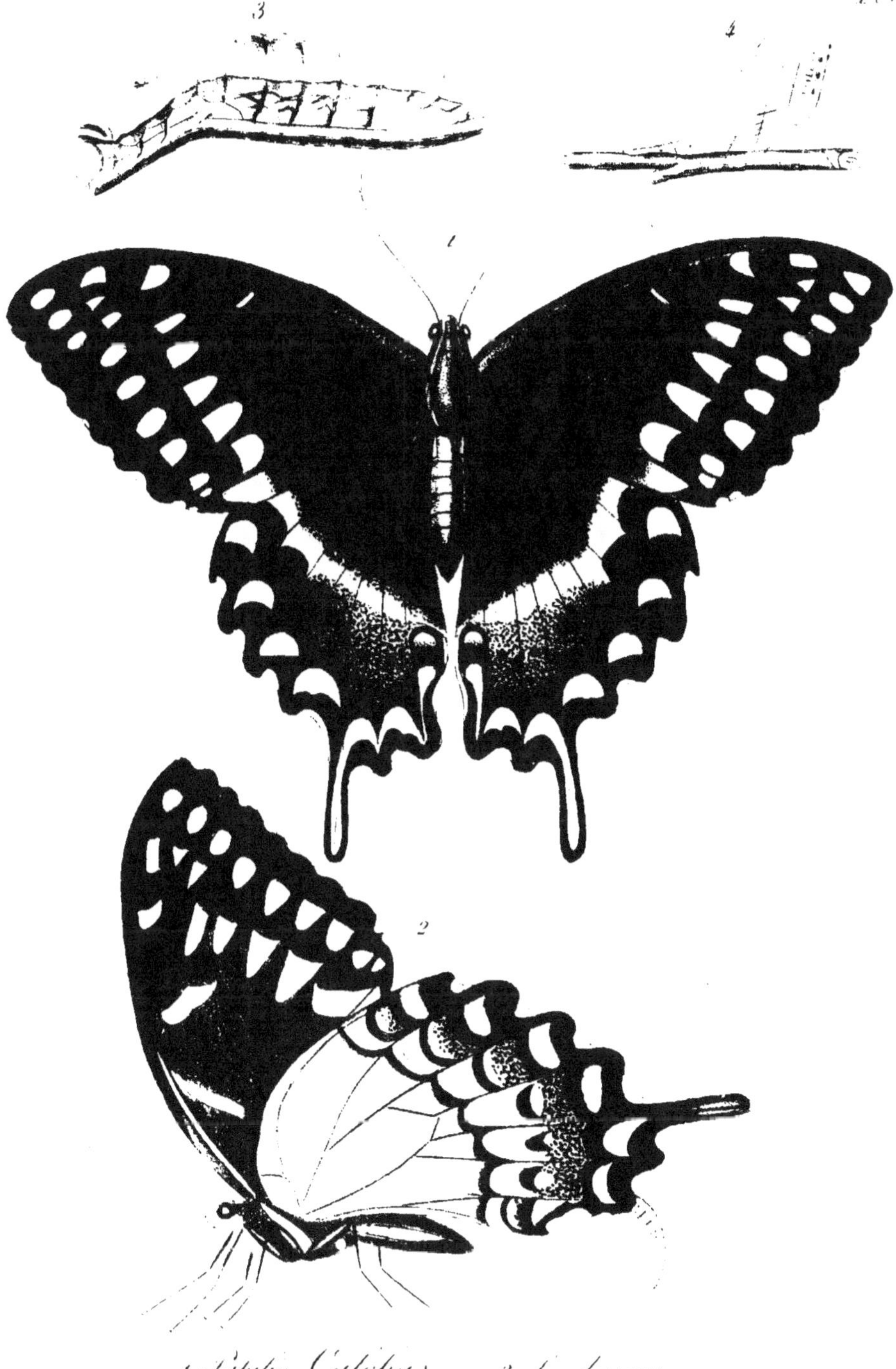

1. *Papilio Calchas.*   2. le dessous.
3. la Chenille.   4. la Chrysalide.

Abbott Pinxit.   P. Dumenil direxit.

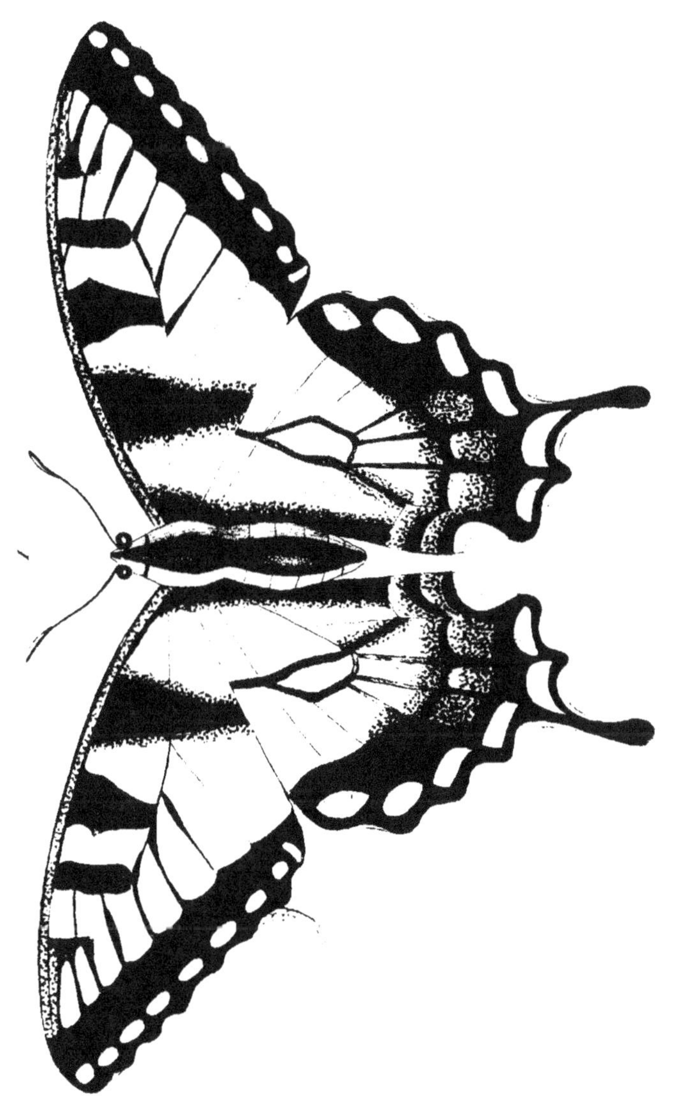

1. Papilio . Turnus .

Abbott Pinxit .

P. Duménil direxit .

P. CALCHAS. Pl. V.

Pap. alis dentatis nigris, fascia maculari maculisque lu-
nulatis marginalibus, flavis; posticis caudatis, angulo
ani, lunula cærulescenti, his subtus ad basin vitta
recta, transversa, subfusca.

Larva viridis ventre rubro, lineis tribus lateralibus punc-
torum cærulescentium, oculo laterali carneo, pupilla
cyanea.

Papilio Calchas, alis caudatis, nigris, fasciis duabus
macularibus flavis; posticis subtus vitta flava lunu-
lisque rufis, FAB., *Syst. Entom.,* p. 453, n. 44.

Papilio Calchas, FAB., *Spec. Ins.,* t. II, p. 18, n. 70.
Papilio Calchas, FAB., *Mant. Ins.,* t. II, p. 9, n. 80.
Papilio Calchas, FAB., *Entom. Syst. Em.,* t. III, pars 1,
p. 50, n. 90.
Papilio Calchas, HERBST., *P.,* tab. LXII, f. 1, 2.
Papilio Palamedes, DRURY, *Ins.,* I, tab. XIX, f. 1, 2.
Papilio Palamedes, CRAM., *Pap. exot.,* VIII, p. 146,
pl. XCIII, fig. a. b.
Papilio Calchas, GOD., *Encyclop. meth., Ins.,* t. IX,
pars 1, p. 59, n. 92.
Papilio Calchus (leg. *Calchas.*), HUBNER, *Exot.*

Il est plus grand d'un tiers que le *Machaon*; le dessus des ailes est d'un noir légèrement olivâtre et traversé
un peu au-delà du milieu par une bande d'un jaune
pâle, continue sur les ailes inférieures, interrompue et

formée de taches triangulaires sur les ailes supérieures, dont le milieu de la côte est en outre marqué d'un croissant jaune. L'extrémité des quatre ailes est plus noire que le restant de la surface, et l'on y voit une rangée marginale de lunules jaunes arrondies et plus petites sur les premières, plus grandes et en forme de croissant sur les secondes. Outre les caractères ci-dessus, les ailes postérieures offrent à l'angle anal un croissant bleuâtre et une poussière jaune, plus ou moins apparente, entre la bande et les points marginaux.

Les premières ailes sont légèrement crénelées; les secondes le sont plus fortement. Les échancrures des unes et des autres sont bordées de jaune; la queue est noire, linéaire, avec une raie jaune longitudinale sur le milieu.

Le dessous des premières ailes est un peu plus pâle que le dessus, et offre près de la base une espèce de ligne transverse, formée de quelques atomes grisâtres.

Le dessous des ailes inférieures est aussi plus pâle que le dessus, et présente près de la base une ligne droite transverse, d'un jaune roussâtre, de la longueur du corps. La bande continue du dessus est ici manifestement interrompue, d'une couleur fauve, et s'appuie sur des croissans bleus par l'intermédiaire d'un pareil nombre de croissans noirs; les taches ou lunules marginales sont aussi d'une couleur fauve.

Le corps est d'un noir olivâtre, avec une ligne jaune longitudinale sur chaque côté du corselet et de l'abdomen.

Les deux sexes diffèrent très-peu l'un de l'autre.

La chenille est verte sur le dos et sur les côtés, avec le ventre et les pattes rouges. La tête est d'un jaune-ferrugineux clair avec un arc noir sur le premier anneau; le troisième segment offre un œil latéral incarnat à prunelle bleue, surmonté d'un point également bleu; le quatrième présente une tache latérale incarnate. Outre cela, la couleur verte est séparée de la rouge par une ligne jaune marginale, et l'on remarque sur chaque côté trois rangs parallèles de points bleus, dont le plus inférieur est à la base des pattes.

Elle vit sur plusieurs plantes du genre *laurus*.

La chrysalide est bossue, ferrugineuse sur le dos, avec le ventre rose et marqué de quatre rangs de points bleus.

Le papillon paraît pour la première fois au printemps et pour la seconde en été. Les individus de la première époque passent l'hiver en chrysalide; ceux de la seconde restent dix ou quinze jours sous l'état de nymphe.

Ce papillon est facile à prendre; il fréquente les jardins, et aime à se reposer sur les fleurs des pêchers et des amandiers. Il est assez répandu en Géorgie et en Virginie; mais on ne le trouve plus dans les parties les plus septentrionales des États-Unis.

P. TURNUS. Pl. VI et VII.

Pap. alis dentatis flavis, margine nigro, flavo maculato; anticis fasciis quatuor, posticis, unica, nigris; his caudatis, lunula anali fulva.

Larva viridis ventre pallidiori, collari flavo, oculo bipu-
pillato, cinguloque duplici flavo nigroque.

Papilio Turnus, alis caudatis concoloribus flavis; prio-
ribus fasciis quinque dimidiatis , posticeque nigris.
Linn., *Mant., Alt.*, p. 556.

Papilio Turnus, alis caudatis concoloribus, flavis, mar-
gine fasciisque nigris ; angulo anali fulvo, Fab., *Syst.*
Entom., p. 452, n. 41.

Papilio Turnus, Fab., *Spec. Ins.*, t. II, p. 16, n. 66.
Papilio Turnus, Fab., *Mant. Ins.*, t. II, p. 9, n. 76.
Papilio Turnus, Fab., *Entom. Syst. Em.*, t. III, pars 1,
p, 29, n. 86.
Papilio Turnus, God., *Encyclop. method., Ins.*, t. IX,
pars 1, p. 56, n. 87.
Papilio Alcidamas, Cram., Pap., p. 62, pl. XXXVIII ,
fig. a. b.
Rai, *Hist. Ins.*, p. 111.
Mouff., *Ins. Theat.*, p. 98; *Papilio diurna, prima om-*
nium, maxima.
Catesby, *the Nat. History of Carolin. Florid.*, etc.
vol. II, p. 97, tab. XCVII.
Herbst, *Pap.*, t. XLI, f. 3, 4.
Papilio Turnus, Palisot de Beauvois, *Ins. recueillis en*
Afrique et en Amérique, VII° livrais. , pl. II°.
Papilio Turnus, Hubner, *Exot.*

Ce papillon est l'un des plus grands de tous ceux qui
se trouvent dans le Nouveau-Monde ; il est de la forme

du *Machaon*, et ressemble un peu pour le dessin à l'*Alexanor*. Ses quatre ailes sont d'un jaune pâle avec une bordure noire assez large. La base et la côte des premières ailes sont noires; il y a aussi quatre bandes transverses noires, partant de la côte; la bordure de ces mêmes ailes est divisée par un rang de neuf points jaunes.

Sur le milieu des ailes inférieures il y a une bande noire, droite, linéaire, qui forme un coude pour gagner le bord interne; leur bordure noire offre à son côté externe six lunules, dont la première et la dernière plus petites et fauves, tandis que les autres sont jaunes; l'angle anal présente aussi une lunule fauve. Indépendamment de ces caractères, on remarque sur le milieu de la bande marginale, dans sa partie la plus interne, trois ou quatre lunules mal arrêtées formées d'atomes bleus.

Les ailes supérieures sont légèrement dentées; les inférieures, au contraire, le sont assez fortement. Les unes et les autres ont les échancrures bordées de jaunâtre; la queue est noire, de grandeur moyenne, renflée à son extrémité, et bordée de jaunâtre à son côté interne.

Le dessous des premières ailes offre le même dessin que le dessus; seulement la bande marginale est d'un gris jaunâtre dans son milieu, et les points marginaux ne sont interrompus que par les nervures.

Le dessous des ailes inférieures diffère du dessus par les caractères suivans : 1° il est un peu plus pâle; 2° les lunules jaunes marginales ont le milieu fauve,

5° il y a sur le côté interne de la bordure une rangée de lunules bleuâtres séparées des précédentes par une poussière grisâtre; 4° le disque est marqué d'un arc noir.

Le corps est noirâtre en dessus et jaune sur les côtés; les épaulettes sont jaunes.

La chenille, qui est un peu plus grosse que celle que nous avons fait figurer, est verte sur le dos, blanchâtre sous le ventre; les côtés sont d'un vert blanchâtre avec sept traits verts placés obliquement. Entre le quatrième et le cinquième segment, elle a sur le dos une bande transverse, jaune antérieurement et noire postérieurement; le troisième segment offre un œil latéral jaune avec deux prunelles bleues. La tête est incarnate, avec le collier jaune. Elle vit sur plusieurs arbres du genre *prunus*, notamment sur le *prunus virginiana* et le *prunus serotina*. M. Abbot l'a trouvée plusieurs fois sur le *ptelea trifoliata*.

La chrysalide, variée de brun plus ou moins foncé, offre une pointe conique sur la poitrine.

Le papillon éclot deux fois par an, au printemps et à l'été. Ceux de la première époque passent l'hiver à l'état de nymphe. Il est assez commun en Caroline, en Virginie et en Géorgie.

P. GLAUCUS. Pl. VIII; Pl. IX.

Pap. alis dentatis fuscis lunulis marginalibus flavis: posticis caudatis, his subtus antice, pallide fuscis, vitta nigra transversa uncinata: angulo anali fulvo.

Larva viridis punctis lateralibus subviolaceis, collari flavo, oculo pupilla cyanea cinguloque duplice flavo nigroque.

Papilio Glaucus, alis subcaudatis, nebulosis concoloribus; primoribus macula flava; posticis macula ani fulva. Linn., *Syst. Nat.*, II, p. 746, n. 9.

Papilio Glaucus alis caudatis fuscis; posticis cæruleo nigris, angulo ani fulvo; subtus lunulis flavis, Fab., *Syst. Entom.*, p. 445, n. 14.

Papilio Glaucus, Linn., *Mus. Lud. Ulr. Reg.*, p. 190.
Papilio Glaucus, Fab., *Spec. Ins.*, t. II, p. 5, n. 18.
Papilio Glaucus, Fab., *Mant. Ins.*, t. II, p. 5, n. 18.
Papilio Glaucus, Fab., *Entom. Syst. Em.*, t. III, pars 1, p. 4, n. 11.
Papilio Glaucus, God., *Encyclop. method.*, *Ins.*, t. IX, pars 1, p. 60, n. 96.
Papilio Glaucus, Cram., *Pap. exotiq.*, XII, p. 64, Pl. CXXXIX, fig. a. b.
Clerk, *Icones*, tab. XXIV, f. 1.
Herbst, *Pap.*, tab. XVII, f. 1, 2.
Papilio Glaucus, Palisot de Beauvois, *Ins. recueillis en Afrique et en Amérique*, VIe livrais., pl. Ib.

Ce papillon est à peu près de la taille du *Turnus*, auquel il ressemble beaucoup pour le dessin, mais nullement pour la couleur. Ses premières ailes sont d'un brun noir, avec deux ou trois ondes un peu plus foncées et un rang marginal de huit points jaunâtres , précédés inférieurement de deux ou trois groupes bleuâtres disposés en forme de bande.

Les ailes inférieures sont d'un noir-brun saupoudré de bleu, excepté à leur base; leur limbe postérieur offre une rangée marginale de six taches ou lunules, dont la première, le côté interne de la seconde et la dernière fauves et les intermédiaires jaunes. Ces taches sont surmontées par de larges lunules bleues, disposées en bande arquée, et séparées de la couleur du fond par une ligne noire sinuée. L'angle anal présente une tache fauve.

Les premières ailes sont légèrement dentées, les secondes le sont assez fortement; les échancrures des unes et des autres sont bordées de jaunâtre. La queue est noire, moyennement longue, renflée à son extrémité et bordée de jaunâtre à son côté interne.

Le dessous des premières ailes est plus pâle que la surface opposée, et offre le même dessin; seulement on distingue vers le milieu trois bandes noirâtres partant de la côte.

Le dessous des ailes inférieures est d'un brun clair, avec une ligne linéaire transverse qui se courbe pour gagner le bord interne. Les lunules marginales qui correspondent à celles du dessus sont fauves, un peu bordées de jaunâtre. La bande d'atomes bleuâtres de la face opposée est plus pâle et précédée de quatre ou cinq taches roussâtres triangulaires.

Le corps est noir avec deux points jaunes sur les parties latérales postérieures.

Telle est la description de la femelle. Le mâle n'en diffère que par sa taille, un peu plus petite, et par la bande bleuâtre, un peu moins large.

La chenille ressemble tout-à-fait par la forme à celle du *Turnus*, et présente un dessin fort analogue. Elle est d'un vert pomme avec le ventre blanchâtre; la tête est d'un brun clair avec un collier jaune; le troisième segment offre un œil latéral à prunelle bleue, surmonté d'un point violâtre; le quatrième présente deux points violets, et à l'union du cinquième avec le sixième segment on voit une double bande transverse, jaune dans sa partie antérieure, et noire dans sa moitié postérieure; vient ensuite un double rang de points violâtres, formé de trois supérieurement et de quatre inférieurement. Les stygmates sont un peu roussâtres, et au-dessous de ceux-ci, à la base des pattes membraneuses, il existe un rang de points d'un bleu pâle. Elle vit sur le *styrax americana*.

La chrysalide, qui est d'un brun ferrugineux avec des ondes plus claires, offre une pointe sur la poitrine et quatre petites éminences sur le ventre.

Le papillon paraît au printemps et en été. Les individus que l'on trouve à la première époque se changent en chrysalide au mois d'octobre, et passent l'hiver à l'état de nymphe, tandis que ceux de la seconde ne restent que quinze jours sous cet état.

Ce beau papillon habite la Géorgie et la Virginie; mais il n'est pas très-commun.

P. TROILUS. Pl. X.

Pap. alis subdentatis, nigris, maculis marginalibus pal-
lide flavis, interdum grisescentibus; posticis caudatis,
lunula anali fulva.

Larva viridis, lineis duabus flavis; punctis dorsalibus
serie duplici, cœruleis; capite porrecto flavo; segmento
tertio oculis duobus, segmento quarto oculis duobus
flavis subcœcisque; ventre pedibusque rubellis.

Papilio Troilus, alis caudatis, nigris, anticis punctis
marginalibus pallidis; posticis supra pallido, subtus
fulvo maculatis, Lin., *Syst. nat.* II, p. 746, n. 6.

Papilio Troilus, Lin., *Mus. Lud. Ulric.,* p. 187, n. 6.
Papilio Troilus, Fab., *Syst. Entom.,* p. 444, n. 7.
Papilio Troilus, Fab., *Sp. Ins.,* t. II, p. 5, n. 9.
Papilio Troilus, Fab., *Mant. Ins.,* t. II, p. 2, n. 9.
Papilio Troilus, Fab., *Entom. Syst. Em.,* t. III, pars 1,
p. 4, n. 10.
Papilio Troilus, Cram., *Pap.* XVIII, p. 25., pl. CCVII,
fig. a. b. c.
Papilio Troilus, God., *Encyclop. meth., Ins.,* t. IX,
pars 1, p. 62, n. 97.
Papilio Ilioneus, Smith-Abbot, *the Nat. Hist. of the*
rarer Lepidopt. of Georg., vol. I, p. 5, tab. II.
Herbst, *Pap.,* tab. XVII, f. 3, 4 (mas).

Herbst., *Pap.*, tab. XX, f. 2 (fœmina).
Petiv., *Mus.*, 51, 525.
Papilio Troilus, Drury, *Ins.*, I, tab. II, f. 4, 5, 5.

Il est un peu plus grand que le *Machaon;* ses ailes sont denticulées, noires, avec les échancrures jaunâtres; les supérieures ont le long du bord postérieur une rangée de six à sept taches d'un jaune pâle, dont la grosseur augmente graduellement de haut en bas. Il y a avant cette bande maculaire quatre ou cinq petites taches obscures, alignées, formées d'atomes grisâtres; les ailes inférieures sont noires, et ont une série marginale de sept lunules, dont la supérieure d'un jaune orangé, et les six autres d'un gris bleuâtre ou verdâtre. Au-dessus de ces lunules marginales existe une large bande d'un gris bleuâtre, divisée par les nervures; la lunule de l'angle anal est triangulaire, d'un jaune orangé à son côté interne, et d'un gris verdâtre à son côté externe.

La queue est noire, assez courte, un peu renflée à son extrémité.

En dessous les ailes supérieures ont le fond d'un brun noir, et les taches du dessus y sont beaucoup mieux dessinées, de sorte qu'elles y forment deux bandes maculaires; on y remarque en outre deux points jaunes, triangulaires, placés l'un au-dessus de l'autre.

Le dessous des ailes inférieures est d'un brun noir, avec deux bandes maculaires formées chacune de six lunules orangées un peu lavées de jaunâtre sur leur bord; la tache anale est fauve, seulement un peu lavée de gris sur son côté externe. Entre ces deux bandes maculaires il y a sept lunules d'un bleu luisant, mais dont la troisième est en partie couverte par une tache verticale, oblongue, ordinairement d'un gris verdâtre.

Le corps est noir, avec des points roussâtres sur le devant du corselet, et une série de points jaunes sur chaque côté.

La femelle diffère du mâle par les caractères suivans : sur les ailes supérieures on ne voit ordinairement que la rangée marginale de points jaunes, l'autre étant nulle ou seulement indiquée par quelques atomes grisâtres; les secondes ailes ont au-dessus des lunules marginales une espèce de bande mal arrêtée, assez large, formée par des atomes d'un bleu luisant, tandis que dans le mâle cette même bande est plus arrêtée supérieurement, et d'un gris bleuâtre ou verdâtre; le dessous n'offre pas de caractères essentiels.

La chenille est verte, avec une bande marginale jaune qui se fond un peu avec la couleur verte : il y a sur les côtés deux séries de points bleus, et sur le quatrième segment deux taches incarnates, sur le troisième un œil incarnat ocellé de bleu foncé, et sur le premier un collier noir; le dessous du corps et la tête sont d'un incarnat un peu ferrugineux; toutes les pattes sont de cette dernière couleur, mais il existe à la base des pattes membraneuses une série de sept points bleus.

Cette chenille vit sur le sassafras, *laurus sassafras*, et sur plusieurs autres plantes du genre *laurus*.

La chrysalide est un peu gibbeuse, d'un ferrugineux pâle, striée d'une teinte plus foncée.

Les chenilles que l'on trouve à l'automne se changent en chrysalides avant l'hiver, et donnent leurs papillons au commencement du printemps suivant; les autres éclosent à la fin de mai, pendant tout le mois de juin et le commencement de juillet.

Ce beau papillon est assez facile à prendre; il vole ordinairement autour des *laurus*, et aime à se reposer sur les fleurs odoriférantes; il n'est pas rare en Géorgie ni en Virginie.

P. PHILENOR. Pl. XI.

Pap. alis subdentatis nigris; posticis caudatis cyanescenti-nitidis; his subtus septem maculis fulvis, albo notulis.

Larva ferruginea; tuberculis dorsalibus fulvis; antice postice, lateraliterque spinis simplicibus ferrugineis.

Papilio Philenor, alis caudatis nigris; posticis subtus nitenti-cyaneis; ocellis septem concatenatis, LIN., *Mant.*, p. 555.

Papilio Philenor, FAB., *Syst. Entom.*, p. 445, n. 12.
Papilio Philenor, FAB., *Spec. Ins.*, t. II, p. 4, n. 15.
Papilio Philenor, FAB., *Entom. Syst. Em.*, t. III, pars 1, p. 6, n. 18.
Papilio Philenor, FAB., *Mant. Ins*, t. II, p. 2, n. 15.
Papilio Philenor, DRURY, *Ins.*, I, tab. II, f. 1-4.
Papilio Philenor, HERBST., *Pap.*, tab. XIX, f. 2-3.

Papilio Philenor, Smith-Abbot, *the Nat. Hist. of the
rarer Lepidopt. Ins. of Georg.,* vol. I, p. 5, tab. III.
Papilio Philenor, Say, *American Entomology,* tab. I.
Papilio Astinous, Cram., *Pap.* XVIII, p. 26, pl.
CCVIII, fig. a. b.
Papilio Philenor, God., *Encyclop. meth.,* Ins., t. IX,
pars 1, p. 40, n. 47.

Ce papillon est l'un des plus petits du genre; ses
ailes, légèrement denticulées, sont lisérées de blanc
jaunâtre dans les échancrures; les supérieures sont
noires, coupées parallèlement au bord postérieur par un
rang de points blanchâtres; le dessus des inférieures
est d'un brun noir, glacé de bleuâtre ou de verdâtre,
excepté près de leur base; leur extrémité offre un rang
de six lunules blanchâtres; les queues sont courtes,
étroites, noires, bordées de blanc à leur base.

Le dessous des ailes supérieures est d'un noir un peu
plus terne que le dessus, et offre un rang marginal de
quatre ou cinq lunules blanchâtres très-distinctes.

Le dessous des inférieures est glacé de bleu verdâtre
très-luisant, excepté à la base, où l'on distingue un
point jaunâtre; on y remarque en outre sept lunules
d'un fauve vif (1) entourées de noir, et dont les quatre
ou six supérieures sont bordées de blanc à leur côté

---

(1) Il n'y a que dans les papillons de l'Amérique septentrionale
que j'aie observé jusqu'à présent des lunules fauves sur la face
inférieure des secondes ailes.

externe; ces lunules correspondent aux lunules blanchâtres de la surface opposée; au devant d'elles on remarque ordinairement quatre petits points blanchâtres.

Le corps est noirâtre, avec une ligne latérale de points d'un blanc jaunâtre; les antennes sont noires.

La femelle diffère très-peu du mâle.

Dans quelques individus, et surtout dans les mâles, la rangée de points marginaux des ailes supérieures est presque nulle, ou réduite à deux ou trois points.

La chenille est brune, avec deux séries latérales de petits tubercules rougeâtres et des épines sur les parties antérieure, postérieure et latérale inférieure du corps. Sur le premier segment il y a deux longues épines; sur la partie latérale inférieure il y en a neuf, de longueur moyenne; les autres, aussi de longueur moyenne, sont placées sur les trois derniers anneaux. Elle vit sur la serpentaire de Virginie, *Aristolochia serpentaria*.

Ce papillon paraît au printemps et au milieu de l'été; il est commun dans toute l'Amérique septentrionale, partout où croît la serpentaire.

PAPILIO THOAS. Pl. XII et XIII.

Pap. alis supra nigris; fascia communi lunulisque marginalibus flavis; posticis longe caudatis; his subtus maculis discoidalibus oblongis ferrugineo-fulvis; angulo ani fulvo.

Larva nigrofusca; maculis dorsalibus postica mediaque latissimis albidis: linea laterali lata albida.

Papilio Thoas, alis caudatis, supra nigris; fasciis duabus flavis, interruptis; subtus flavis, fascia cærulea, Lin., *Mant. alt.,* p. 556.

Papilio Thoas, alis caudatis, nigris, flavo fasciatis; posticis subtus flavis, fascia nigra lunulisque cyaneis, Fab., *Syst. Entom.,* p. 454, n. 48.

Papilio Thoas, Fab., *Spec. Ins.,* t. II, p. 19, n. 76.
Papilio Thoas, Fab., *Mant. Ins.,* t. II, p. 10, n. 87.
Papilio Thoas, Fab., *Entom. Syst. Em.,* t. III, pars 1, p. 32, n. 94.
Papilio Thoas, Cram., *Pap. exot.,* XIV, p. 108, pl. CLXVII, fig. a. b.
Papilio Thoas, Drury, *Ins.,* tab. XXII, f. 1-2.
Papilio Thoas, Herbst., *Pap.,* tab. XL, f. 3-4.
Papilio Cresphontes, Herbst., *Pap.,* tab. XXXIX, f. 1-3.
Papilio Thoas, God., *Encyclop. method., Ins.,* t. X, pars 1, p. 62, n. 103.
Seba, *Mus.,* 4, tab. XXXVIII, f. 6-7.
Varietas. Papilio Cresphontes, Cram., *Pap. exot.,* XIV, p. 106, pl. CLXV, fig. a.

Ce papillon est l'un des plus grands de ceux qui se trouvent en Amérique; ses ailes sont allongées transversalement, d'un noir foncé en dessus, et traversées vers le milieu par une bande jaune. Cette bande est divisée sur les premières ailes par les nervures, et est même maculaire dans sa partie antérieure, où elle est formée de taches oblongues, dont la troisième va rejoindre un groupe de deux ou trois taches de la même couleur qui partent de la côte. Cette troisième tache est dans beaucoup d'individus profondément échancrée; les premières ailes ont en outre, près de l'angle interne, une rangée de quatre lunules jaunes atteignant la base.

Les secondes ailes ont entre le milieu et l'extrémité une rangée courbe de six lunules jaunes plus grandes que celles des premières ailes; elles ont en outre près de l'angle anal un croissant fauve surmonté d'un groupe d'atomes bleus.

Les premières ailes sont légèrement dentées, les secondes le sont plus fortement; les échancrures des unes et des autres sont bordées de jaune; la queue est noire. avec une tache ovale jaune de part et d'autre.

Le dessous des premières ailes, beaucoup plus pâle que le dessus, offre à sa base une tache jaunâtre rayonnée, qui remplit la cellule discoïdale, et au lieu de quatre taches marginales il y en a huit, dont la moitié de la supérieure semble appartenir à la bande transverse.

Le dessous des ailes inférieures est jaune, divisé au milieu par six ou sept lunules bleues bordées de noir, et dont les trois ou quatre moyennes sont précédées par trois ou quatre taches oblongues d'un fauve ferrugineux. plus ou moins bien prononcées. La tache anale répond à celle du côté opposé.

Ce qu'il y a encore à remarquer, c'est que tous les

endroits jaunes qui ne répondent pas à du jaune correspondant sur les ailes supérieures, mais qui au contraire répondent à du noir, sont en dessous d'un jaune-gris très-distinct, qui tranche d'une manière très-évidente avec le jaune qui répond au dessus.

Le corps est jaune avec le dos noir; le corselet est noir en dessus avec deux lignes jaunâtres; les antennes sont noires.

La chenille a une couleur très-bizarre; son ventre est brunâtre ainsi que les pattes; sur les quatre premiers segmens il y a une bande latérale et longitudinale, blanche, qui part de la tête; entre cette bande et celle du côté opposé il y a un large espace brunâtre, marqué de gros points d'un brun noir; vient ensuite, sur les segmens du milieu, un large espace blanc en forme de losange, qui couvre le dos et une partie des côtés, et dont un des angles gagne la première paire de pattes membraneuses; sur le milieu de cette bande on observe quelques points brunâtres; la partie postérieure du corps est couverte par une autre grande plaque blanche marquée antérieurement de quelques points bruns; la partie latérale comprise entre le losange et le dernier espace blanc est d'un brun terne uniforme. Elle vit sur tous les arbres du genre *citrus*, et est dans quelques parties de l'Amérique une sorte de fléau pour les orangers.

La chrysalide est d'un brun clair, marquée çà et là de quelques points noirâtres; elle a en outre une pointe sur la poitrine, et sa tête est fortement bifide.

Le papillon éclot trois ou quatre fois par an ; les individus qui paraissent en avril ont passé l'hiver en chrysalide.

Il habite la Géorgie et la Floride ; il est surtout très-commun aux environs de Savanah. On le trouve très-communément aux Antilles et dans toute l'Amérique méridionale, et il devient d'autant plus fréquent, qu'on s'avance davantage vers le midi du Nouveau-Monde.

Les individus du Brésil et de Cayenne ont ordinairement la bande commune aux ailes supérieures et aux inférieures, plus large que ceux de l'Amérique septentrionale, et ont toujours aussi la troisième tache de cette bande échancrée dans son milieu, tandis que ce petit caractère manque dans ceux de ce dernier pays ; mais ce n'est qu'une variété locale.

Le *Papilio Thoas* forme, avec quelques espèces propres à l'Amérique équinoxiale, un petit groupe naturel, dont les chenilles doivent avoir de grands traits de ressemblance. Parmi ces espèces, je citerai le *Papilio Andremon*, de Hubner, qui est de Cuba ; le *Papilio Astyalus*, de Godart, qui se trouve au Brésil ; le *Papilio Temenes*, du même auteur, qui habite les Antilles et le Pérou ; le *Papilio Lycoræus*, de Godart, qui est aussi de l'Amérique du Sud, et quelques autres qui ont une bande blanchâtre commune, et qui vivent peut-être aussi sur des *citrus*. Ce n'est au reste qu'une supposition ; mais plusieurs lépidoptères du genre *Papilio*, fort éloignés de ceux-ci, vivent sur ce genre de plante, tels, par exemple, que le *Papilio Epius*, aux Indes orientales ;

le *Papilio Demoleus*, sur la côte occidentale de l'Afrique; le *Papilio Lysithous*, au Brésil, et plusieurs autres que je pourrais citer.

P. VILLIERSII. Pl. XIV.

Pap. alis caudatis, atro-viridi-cyaneis, nitidis, supra lunularum cinereo-cærulescentium serie postica; posticis subtus fuscis; maculis argenteis interpositis, lunulis ferrugineis.

Papilio Devilliers, Gon., *Mém. de la Société Linnéenne de Paris*, t. II, pl. I. des lépidopt., f. 3-4.,
Papilio Devilliers, Gon., *Encyclop. méthod.*, *Ins.*, t. X, pars 2, suppl. p. 810, n. 47-48.

Il est à peu près de la taille du *Pap. Troilus*; ses premières ailes ont le dessus d'un noir-verdâtre bronzé luisant, avec une rangée marginale de lunules bleuâtres assez petites.

Le dessus des ailes inférieures est également d'un noir-verdâtre bronzé luisant, avec une rangée marginale de lunules bleuâtres assez grandes, surtout celles du milieu de la série.

Le dessous des ailes supérieures est d'un noir bronzé verdâtre jusqu'au-delà du milieu, le reste est d'un noir obscur, avec un arc de taches blanches à l'extrémité de la cellule, et une rangée marginale de lunules d'un blanc argentin.

Le dessous des ailes inférieures est brun, avec l'origine de la côte et le bord extérieur d'un blanc un peu jaunâtre; le milieu est chargé de trois grosses taches argentées. Le limbe offre un cordon de cinq à sept taches argentées, séparées du bord extérieur par une ligne noire en zigzag, et surmontées de lunules d'un ferrugineux un peu sanguin, reposant sur un fond d'un vert bronzé.

Les échancrures des quatre ailes sont liserées de blanc très-légèrement en dessus, mais cette couleur s'étend en dessous d'une manière remarquable.

La queue est médiocrement longue et un peu en spatule.

Les antennes sont noires ainsi que les palpes.

Le corps est d'un noir bronzé en dessus, avec une rangée de points blanchâtres sur chaque côté de l'abdomen; on aperçoit aussi quelques petits points de la même couleur sur le cou.

Il habite la Floride. M. Poey l'a aussi trouvé à Cuba, mais il ne paraît pas y être très-commun.

Quoique ce papillon soit pourvu de queues, nous croyons qu'on doit plutôt le placer près du *Polydamas* que du *Philenor* et du *Troïlus*, dont il se rapproche un peu par la couleur du dessus des ailes.

P. POLYDAMAS. Pl. XV,

Pap. alis dentatis, supra virescenti fascis nitidis, fascia maculari flava; posticis subtus maculis marginalibus rubris, duabus tribusve argenteis adjectis.

*Papilio Polydamas, alis dentatis, nigris, fascia inter-
rupta flava; posticis subtus maculis linearibus, flexuo-
sis rubris,* Linn., *Syst. Nat.,* 2, p. 747, n. 12.

Papilio Polydamas, Lin., *Mus. Lud. Ulr.,* p. 192.
Papilio Polydamas, Fab., *Syst. Entom.,* p. 447,
n. 21.
Papilio Polydamas, Fab., *Sp. Ins.,* t. II, p. 8,
n. 29.
Papilio Polydamas, Fab., *Mant. Ins.,* t. II, p. 4,
n. 31.
Papilio Polydamas, Fab., *Entom. Syst. Em.,* t. III,
pars 1, p. 14, n. 42.
Papilio Polydamas, Cram., *Pap.* XVIII, p. 55., pl.
CCXI, fig. D. E.
Papilio Polydamas, God., *Encyclop. méthod., Ins.,*
t. IX, pars 1, p. 39, n. 44.
Papilio Polydamas, Drury, *Ins.,* I, pl. XVII, f. 1-2.
Herbst, *Pap.,* tab. X, f. 6-7.
Seba, *Mus.,* 4, tab. XXXIX, f. 2-5.
Merian, *Surin.,* pl. XXXI.

Il est à peu près de la taille de l'*Asterias;* le dessus
des quatre ailes est d'un noir-verdâtre bronzé, traversé
un peu au-delà du milieu par une bande d'un jaune
plus ou moins foncé, maculaire et de médiocre largeur.

Les premières ailes sont sinuées et légèrement liserées de blanchâtre dans les échancrures.

Les secondes ailes sont dentées, avec les échancrures liserées de jaunâtre.

Le dessous des premières ailes ressemble au dessus, mais le fond est d'un brun obscur.

Le dessous des ailes inférieures est d'un noir brun, avec sept lunules marginales d'un rouge terne, étroites, linéaires, flexueuses, et dont deux ou trois sont ordinairement bordées extérieurement par du blanc argentin; l'origine de la côte offre en outre un point d'un rouge terne.

Le dessus du corps est noir, avec deux points fauves sur le devant du corselet; le dessous est de la même couleur, avec des points sur la poitrine et deux traits sur les côtés de l'abdomen, d'un rouge fauve.

Ce papillon offre plusieurs variétés, mais peu remarquables : dans les unes, les taches marginales du dessous des secondes ailes sont fauves; dans les autres, la tache de l'angle anal est surmontée d'un trait fauve; enfin, dans quelques-unes, il n'existe pas de taches argentées.

La chenille est rase, lisse, d'un brun clair, rayée de rouge; sur chaque anneau sont quatre taches oculaires jaunâtres, ayant la partie antérieure rouge; les tentacules sont brunes. Elle vit sur plusieurs plantes du genre *aristolochia*.

Le *Papilio Polydamas* habite la Floride et l'île de Cuba; mais il est très-commun dans l'Amérique méridionale, au Brésil et à la Guyane.

Ce papillon forme, avec quelques espèces de l'Amérique méridionale, un petit groupe très-naturel, dont les analogues ne se trouvent pas dans l'ancien continent : tels sont les *Pap. Protodamas* de Godart, *Crassus* de Hubner, *Belus* de Fabricius, *Numitor* de Cramer, *Erymanthus* de Cramer, *Lycidas* de Cramer, etc., tous du Brésil et de Cayenne.

GENRE PIÉRIDE. *Pieris, Schr., Lat.*

Pontia, *Fab. Ochs.*

Palpes cylindriques médiocrement comprimés, le dernier article *presque aussi long que le précédent;* massue
des antennes *ovoïde;* six pattes propres à la marche;
bord interne des ailes inférieures convexe, embrassant plus ou moins le dessous du corps; cellule discoïdale des secondes ailes fermée postérieurement.

Chenilles légèrement *pubescentes*, allongées, cylindriques.

Chrysalide terminée antérieurement par une pointe
conique, toujours attachée par la queue et par un
lien transversal placé au-dessus du milieu du corps.

Les *Pieris* sont répandues sur toute la surface du
globe; leurs mœurs ont beaucoup de rapport avec celles
des *Colias*, des *Rhodocera* et des *Xanthidia;* de même
elles affectent certaines familles de plantes dont elles
paraissent se nourrir exclusivement.

Toutes nos *Pieris* d'Europe, à l'exception de la *Cratægi*, se nourrissent seulement de plantes de la famille
des crucifères, ou, à défaut de celles-ci, des réséda-
cées et des tropæolées; toutes celles de l'Amérique,
dont nous connaissons les métamorphoses, sont dans le
même cas, et tout nous porte à croire que la plupart
des espèces des Indes, de l'Afrique et de la Nouvelle

Hollande, vivent aussi sur ces plantes; cependant nou-
pensons qu'il serait possible que plusieurs espèces, telles
que les *P. Nero, Valeria*, et beaucoup d'autres, vécus-
sent sur des plantes toutes différentes.

Les *Pieris* se distinguent facilement des *Colias* et
genres voisins, par leurs antennes *non tronquées*, par
leurs palpes moins comprimés, et dont le dernier
article est toujours presque aussi long que le précédent; par leur corps moins robuste et leurs ailes plus
minces. Elles sont toujours dépourvues de ces taches
centrales argentées ou ferrugineuses que l'on observe
constamment sur les cellules discoïdales, à la face
inférieure des ailes des vraies *Colias*.

La couleur dominante chez les *Pieris* est le blanc
plus ou moins tacheté de noir; celles qui présentent
ces caractères ont été appelées *Brassicaires*, parce que,
effectivement, elles se nourrissent pour la plupart de
crucifères potagères; d'autres ont aussi les ailes blanches
ou jaunâtres, avec le sommet des premières rouge ou
aurore : celles-ci forment un petit groupe très-naturel,
répandu dans les parties les plus chaudes de l'ancien
continent; quelques espèces sont entièrement rouges,
jaunes ou noires en dessus, mais le nombre en est très-
peu considérable. Les couleurs des *Pieris* sont généralement plus variées que celles des *Colias,* mais c'est
surtout le dessous de leurs ailes qui offre les nuances
et les dessins les plus remarquables.

Les *Pieris* fréquentent les jardins et les prairies;
on les rencontre rarement dans les grands bois; leur

vol n'est jamais très-élevé ni d'aussi longue durée que celui des *Colias*, des *Callidryas* et des *Rhodocera*.

Leurs chenilles sont souvent très-nuisibles dans les potagers; c'est, parmi les lépidoptères diurnes, le genre qui fait le plus de dégâts.

P. CLEOMES. Pl. XVII.

Pier. alis subrotundatis, integerrimis, albis; anticis maris limbo, posticisque feminæ maculis marginalibus nigris; anticis subtus apice, posticis pagina omni flavo fuscoque variegatis; antennis apice virescentibus.

Larva subpilosa, violacea vittis flavis.

Pieris Orseis, Gon? *Encyclop. méthod.,* t. IX, pars 1, p. 141, n. 78.
Papilio Monuste, Hubn? *Pap. exotiq.*

Le dessus des premières ailes est d'un beau blanc, avec une bordure noire, plus large au sommet, et dentée en scie intérieurement.

Le dessus des secondes ailes est entièrement blanc.

Le dessous des premières ailes ressemble au dessus, seulement la bordure est ici d'un jaune brunâtre.

Le dessous des secondes ailes est jaune, lavé de brun dans le voisinage des nervures et vers l'extrémité.

Le corps est blanc, avec le corselet obscur, les épaulettes grisâtres et le collier ferrugineux.

Les antennes sont noires, annelées de blanc, avec le bout de la massue verdâtre.

La femelle diffère du mâle, en ce qu'elle présente sur le milieu des premières ailes une grosse tache noire subréniforme, et qu'elle a toujours une série de taches marginales aux ailes inférieures, tandis que le mâle n'offre pas ce dernier caractère.

La chenille est violette, avec des bandes longitudinales d'un beau jaune citron; sa tête, ses pattes et le dessous de son corps sont d'un jaune un peu nuancé de verdâtre; elle offre, en outre, quelques poils courts assez rares.

La chrysalide est d'une couleur pâle nuancée de noirâtre, et offre une pointe sur le milieu.

Cette chenille vit dans les jardins, sur le *clcome pentaphylla*.

Le papillon éclot au printemps, pendant l'été et l'automne. Il habite la Géorgie et la Virginie, mais il y est assez rare; il est plus commun dans la Floride.

La *P. Orseis*, de Godard, qui est la même que le *P. Monuste*, de Hubner, en diffère par les caractères suivans : la massue des antennes est roussâtre au lieu d'être verdâtre; la bordure noire des ailes supérieures offre ordinairement, vers le sommet, deux ou trois taches blanches elliptiques; les ailes inférieures, dans les deux sexes, ont une série marginale de taches noires, et le dessous des ailes inférieures est plus varié de brun. Lorsque l'on connaitra la chenille de l'*Orseis*, on reconnaitra peut-être qu'elle n'est qu'une variété locale de celle que nous venons de décrire; mais nous avons cru devoir l'en séparer provisoirement.

P. PROTODICE. *Nobis.* Pl. XVII, fig, 1, 2, 3.

Pier. alis subrotundatis albis ; anticis, macula media fascia abbreviata apiceque nigris ; posticis (maris) albis, (feminæ) limbo nigricante albo punctato ; posticis feminæ subtus lutescentibus fusco variegatis.

Elle a tout-à-fait le port et la taille de la *P. Daplidice* d'Europe.

Ses premières ailes sont blanches , avec une grosse tache noire trapézoïde placée sur le milieu, près de la côte, et une bande oblique maculaire, également noire, plus prononcée à l'angle interne; leur sommet offre, en outre, près du bord, quatre ou cinq traits noirs triangulaires, placés sur les nervures.

Le dessus des ailes inférieures est entièrement blanc. ou offre quelquefois un petit groupe de quelques atomes noirâtres près de l'angle externe.

Le dessous des premières ailes ressemble au dessus, mais les taches noires y sont beaucoup plus pâles.

Le dessous des secondes est d'un blanc très-légèrement teinté de jaunâtre, avec une tache noirâtre sur le bord de la cellule discoïdale; on y distingue, en outre, une empreinte marginale formée d'atomes noirâtres, à peine distincts de la couleur du fond.

La femelle se distingue du mâle que nous venons

de décrire par les caractères suivans : le noir du dessus des ailes supérieures est beaucoup plus intense; les ailes inférieures sont d'un blanc un peu teinté de grisâtre, avec le limbe extérieur noirâtre et marqué de cinq ou six taches blanches trapézoïdes; le dessous des ailes supérieures est un peu verdâtre au sommet; le dessous des inférieures est lavé de brun verdâtre sur les nervures, et offre une bande submarginale de la même couleur.

Cette jolie *Pieris* est, jusqu'à présent, assez rare : elle paraît au printemps et à la fin de juin aux environs de New-York. Nous en avons vu un individu pris dans le Connecticut.

Cette espèce se place naturellement à côté des *P. Daplidice* de Linné, *Chloridice* de Fischer, *Callidice* d'Esper, *Hellica* de Linné, *Raphani* d'Esper, etc. C'est la seule de ce groupe que l'on connaisse jusqu'à présent dans le nouveau continent.

P. CHLOROGRAPHA. Pl. XVII, fig. 4, 5,

P. alis rotundatis albis, anticis puncto subquadrato apiceque nigris, posticis subtus cinereo flavoque variegatis.

P. Chlorographa, HUBNER, *Zutrag. für Samm. exotisch. Schmett. Erst. Hund.*, n. 47-48.

Nous ne sommes pas bien certains que cette *Pieris* habite l'Amérique septentrionale; nous ignorions de

quelle partie de l'Amérique venaient les deux exemplaires que nous possédons, mais comme Hubner a
figuré cette même espèce dans sa première Centurie,
et qu'il dit positivement qu'elle se trouve en Géorgie,
nous avons cru devoir la donner sur la foi de cet auteur,
d'autant plus qu'il est très-probable que nos exemplaires proviennent de ce même pays.

Elle est de la taille de la *P. Nina*, avec laquelle elle
a les plus grands rapports par la consistance mince et
la disposition des taches des ailes.

Ses premières ailes sont blanches, avec le sommet
noir et un gros point presque carré de la même couleur.

Le dessus des ailes inférieures est entièrement blanc.

Le dessous des supérieures diffère du dessus, en ce
que le sommet est cendré au lieu d'être noir, tandis
que la tache quadrangulaire ne participe nullement de
cette couleur grise ; la base et la côte sont aussi piquées
de grisâtre.

Le dessous des ailes inférieures est varié d'ondes grisâtres plus ou moins anguleuses, et, en outre, lavé çà
et là, d'un peu de jaune.

Le corps est blanchâtre, avec le corselet brunâtre.

Les antennes sont annelées de blanc et de noir, avec
la massue brune.

Cette *Pieris* vient naturellement se placer à côté du
P. Sinapis de Linné, de la *P. Narica* de Fabricius, et
surtout de la *P. Nina* de Fabricius, toutes de l'ancien
continent.

GENUS XANTHIDIE. *Xanthidia*, *Nobis*.

Colias, *God.*

Palpes inférieurs médiocrement comprimés, *leur dernier article* deux fois *moins long que le précédent ;* extrémité des antennes arquée de haut en bas, leur massue *conique* et *tronquée*, ou *ovoïde* et *comprimée latéralement*, naissant du tiers antérieur; ailes supérieures toujours arrondies, les inférieures offrant une gouttière qui embrasse le dessous de l'abdomen; cellule discoïdale des secondes ailes fermée; corps très-grêle comprimé, *aussi long que les ailes inférieures ;* six pattes propres à la marche; ailes minces, les inférieures offrant quelquefois un angle.

Chenilles rases, *effilées ;* chrysalides légèrement arquées, un peu renflées au milieu, terminées antérieurement par une petite pointe, attachées par la queue et par un lien transversal placé un peu au-dessus du milieu du corps.

Les espèces qui composent ce genre ont été réunies par les auteurs, tantôt avec les *Colias*, tantôt avec les *Pieris* ; ce qui prouve qu'elles ont des rapports avec l'un et l'autre de ces genres. Elles diffèrent des *Pieris* par leurs palpes garnis de poils plus courts et très-serrés,

ayant le dernier article un peu écailleux et très-court.
Elles se distinguent des *Colias* par leurs antennes arquées de haut en bas, et dont la massue est *tronquée* ou *comprimée latéralement*, et enfin, en ce que la cellule discoïdale a une forme un peu différente sur les quatre ailes, et qu'en dessous elle est toujours dépourvue de taches argentées ou de points ferrugineux.

Les *Xanthidia* sont les pygmées de notre tribu des *Papillonides;* ce sont de jolis petits papillons d'un jaune plus ou moins foncé, qui ont toujours le sommet des premières ailes d'un noir vif, qui tranche d'une manière fort agréable avec la couleur du fond; leurs ailes et leur corps ont peu de consistance : aussi sont-ils très-faciles à prendre. On les voit voler en assez grande quantité autour des légumineuses, dont ils semblent se nourrir presque exclusivement.

Ils habitent le nord et le midi du Nouveau-Monde, le Sénégal, la côte de Guinée, l'île Bourbon, les Indes orientales et les îles de l'archipel des Indes. L'Europe n'en produit aucune espèce.

X. DELIA. Pl. XVIII.

X. alis subrotundatis flavis; anticis apice (maris margine interiori) nigris; posticis macula externa nigra; his subtus ferrugineis.

Larva viridis lineis duabus albidis.

Pap. Delia, Cr., *Pap. exot.*, 25, pl. CCLXXIII, fig. A.

Herbst. , *Pap.* , tab. XVII, f. 7.
Pieris Daira , God. , *Encyclop. méthod.* , *Ins.* , t. IX , pars 1, p. 157, n. 59.

Elle a tout-à-fait le port et la taille de l'*Elathea* de Fabricius, à laquelle elle ressemble beaucoup.

Ses premières ailes sont d'un beau jaune citron, avec le sommet largement noir, et denté intérieurement. Au-dessus du bord interne, on remarque une large bande noire, droite, partant de la base, et finissant brusquement à deux lignes du bord externe; cette même bande s'appuie extérieurement sur une ligne d'un jaune-souci.

Les secondes ailes sont du même ton que les premières, et elles offrent près de l'angle externe une grosse tache noire triangulaire, et tout-à-fait au bord du limbe, près la racine de la frange, une suite de points de la même couleur, appuyés chacun sur une des nervures.

Le dessous des premières ailes est jaune, un peu sablé de noirâtre près de la côte et de la base, avec la côte et le sommet ferrugineux.

Le dessous des secondes ailes est ferrugineux, avec quelques ondes et une tache discoïdale plus foncées.

La frange des quatre ailes est rose.

La femelle diffère du mâle par les caractères suivans : les ailes supérieures sont dépourvues ou présentent tout au plus le rudiment de la bande noire longitudinale, et la ligne jaune-souci n'existe jamais; leur base est assez fortement sablée de noirâtre; la tache triangulaire des ailes inférieures est un peu plus grande, et les points marginaux s'étendent un peu plus sur les nervures.

Les palpes et le corselet sont noirâtres dans les deux sexes, l'abdomen est noirâtre en dessus et blanchâtre en dessous; les antennes sont annelées de noirâtre et de grisâtre, avec la massue brune.

La chenille est cylindrique, effilée, entièrement rase, verte, avec une ligne longitudinale blanche de chaque côté immédiatement au-dessus des pattes; la tête, les pattes, tant écailleuses que membraneuses, sont aussi d'une couleur verte. Elle vit sur les *glycine*, les *trifolium* et les *cassia*.

La chrysalide est verte, un peu gibbeuse, mais nullement arquée.

Cette jolie Xanthidie habite la Virginie, la Louisiane, la Géorgie et la Floride. Elle n'est pas rare; on la prend dans les jardins et dans les prairies; elle se repose sur les légumineuses, et principalement sur celles du genre *cassia* et *glycine*. Elle paraît au printemps, en été, et reparaît en automne pour la troisième fois.

Godart a commis une erreur en rapportant dans le *Supplément de l'Encyclopédie*, t. IX, p. 805, sa *P. Daira*, comme variété, à l'*Elethea* de Fabricius; s'il eût été, comme nous, à même de connaître les deux sexes de chacune de ces espèces, il n'aurait pas fait cette faute.

X. JUCUNDA, *Nobis.* Pl. XIX, fig. 1, 2, 5.

Alis subrotundatis maris *flavis; anticis apice margineque
interiori nigris, posticis nigro marginatis; alis feminæ sulphureis, anticis apice margineque interiori
nigrescentibus, posticis margine latiori nigricanti;
posticis subtus albis in utroque sexu.*

Elle est de la taille de la *Delia*, et elle ressemble
beaucoup à l'*Elathea;* ses premières ailes sont d'un
jaune citron, avec une bordure noire qui part du
milieu de la côte, et qui s'étend en embrassant le
sommet jusqu'auprès de l'angle interne. Cette bande
est dentée intérieurement; on voit aussi une bande
longitudinale semblable à celle de la *Delia*, qui part
de la côte en s'appuyant sur une ligne souci, et qui se
termine avant d'arriver à l'angle interne. La côte de ces
mêmes ailes est, en outre, fortement piquée de noir.

Les secondes ailes sont du même jaune que les précédentes, avec une bordure noire assez large, dentée
irrégulièrement en dedans, et qui s'efface peu à peu
en gagnant l'angle interne.

Le dessous des premières ailes est jaune dans le milieu, avec le contour blanchâtre et sablé d'atomes
grisâtres.

Le dessous des secondes ailes est blanc, finement as-
pergé de grisâtre.

La frange des quatre ailes est jaune.

Le corps est noirâtre en dessus et blanc en dessous.

Les antennes sont annelées de blanc et de noir, avec la massue noirâtre.

La femelle diffère du mâle en ce que ses quatre ailes sont d'un jaune beaucoup plus pâle, les antérieures plus piquées de noirâtre à la base et à la côte, et toujours dépourvues de la ligne souci, et en ce que les postérieures ont la bordure noire plus large.

Cette espèce se trouve dans l'État de New-York, dans la Virginie, la Louisiane, etc. Elle paraît aux mêmes époques que la précédente, et ses mœurs sont les mêmes.

Il paraît que Godart avait vu un individu de cette espèce, et qu'il l'avait confondu avec l'*Elathea*, puisqu'il dit que cette dernière se trouve en Virginie.

X. LISA, *Nobis*. Pl. XIX, fig. 4, 5.

X. Alis rotundatis integerrimis flavis, margine supra nigro in inferioribus angustissimo; anticis puncto nigro; posticis subtus flavis, punctis duobus disci nigris maculaque externa ferruginea.

Larva viridis lineis quatuor albidis.

Elle est de la taille de la *X. Nise*, avec laquelle elle a beaucoup de ressemblance pour le dessus des ailes.

Elle est d'un beau jaune citron en dessus, avec une bordure noire partant du milieu de la côte des premières ailes, et se terminant insensiblement près de l'angle anal.

Cette bande est large au sommet des supérieures, et est dentée intérieurement dans toute sa longueur.

Les premières ailes offrent, en outre, un petit point noir discoïdal, et leur côte est piquée de noirâtre.

Sur les ailes inférieures la bande est très-étroite, et disparaît avant l'angle anal.

Le dessous des premières ailes est entièrement jaune, avec le point noir discoïdal.

Le dessous des secondes ailes est jaune, avec trois petits points noirs, dont un à la base et deux discoïdaux; elles ont, en outre, quelques ondes noirâtres et une grande tache ferrugineuse près de l'angle externe.

La frange des quatre ailes est rose en dessus, et offre en dessous une série de points ferrugineux placés sur chaque nervure, et suivis en dehors d'une très-légère ligne argentée et à peine visible.

Le corps est noirâtre en dessus et jaunâtre en dessous.

Les antennes sont entrecoupées de noir et de grisâtre, avec la massue brunâtre.

La femelle se distingue du mâle par les caractères suivans : le dessus de ses quatre ailes est d'un jaune-soufre pâle, et leur base, ainsi que la côte, est fortement sablée de noirâtre.

La chenille est verte, avec quatre lignes blanchâtres; ses pattes écailleuses sont vertes; sa tête et ses pattes membraneuses sont d'un blanc verdâtre. Elle vit sur plusieurs plantes du genre *trifolium*, *glycine* et *cassia*.

La chrysalide est gibbeuse, mais non arquée; elle est d'une couleur verte, avec une ligne un peu blanchâtre sur sa partie latérale.

Cette Xanthidie est assez commune; on la trouve, depuis le printemps jusqu'à l'automne, dans les différentes parties des États-Unis. Comme les deux précédentes, elle vole dans les prairies, les jardins, etc.

Près des trois espèces que nous venons de décrire, viennent se ranger naturellement le *P. Candida* de Cramer, le *P. Hecabe* de Linné, le *P. Agare* de Fabricius, le *P. Brigitta* de Cramer, le *P. Nise* du même auteur, le *P. Rahel* de Fabricius, le *P. Messalina* du même auteur, le *P. Smilax* de Donowan, le *P. Elathea* de Fabricius, et beaucoup d'autres, puisque nous en connaissons maintenant une trentaine de ce genre.

X. NICIPPE. Pl. XX, fig. 1, 2, 3.

X. alis integerrimis subrotundatis, supra viride fulvis, limbo communi nigro; anticis utrinque lunula communi media nigra; posticis subtus flavis atomis maculisque ferrugineis sparsis.

Pap. Nicippe, alis integerrimis, fulvis, apicibus fuscis; anticis utrinque lunula nigra; posticis subtus ferrugineo irroratis, FAB., *Entom. Syst. Em.*, t. III, pars 1, p. 208, n. 251.

Colias Nicippe, God., *Encyclop. méth.*, *Ins.*, t. IX, pars 1, p. 105, n. 45.
Papilio Nicippe, Cram., *Pap.*, XVIII, p. 31, pl. CCX, f. C. D.
Herbst., *Pap.*, tab. CVII, f. 3-4.

Godart a fait de cette espèce une *Colias*, mais, en l'examinant, on ne tarde pas à s'apercevoir qu'elle n'appartient point à ce genre, et que son corps, grêle et aussi long que les ailes inférieures, la rapproche tout-à-fait des *Xanthidia*. Si l'on fait attention au dessous des ailes inférieures, on voit qu'elles sont dépourvues de ces taches discoïdales argentées que l'on observe dans les vraies *Colias*.

Le dessus de ses quatre ailes est d'un jaune fauve, avec une bordure noire commune, partant du milieu de la côte des premières, dentées irrégulièrement en dedans et plus large sur les inférieures; la côte des premières ailes est, en outre, fortement piquée de noir, et sur leur milieu l'on voit un croissant noir.

Le dessous des ailes supérieures est plus pâle que le dessus, surtout dans la partie qui répond à la bande de la face opposée; le croissant noir est aussi moins marqué.

Le dessous des secondes ailes est jaune, avec plusieurs taches ondées, ferrugineuses, dont une vers le milieu du bord antérieur; les autres, réunies en une espèce de bande transverse; le reste de la surface offre un petit point noir discoïdal.

Le corps est noir en dessus et jaune en dessous.

Les palpes sont jaunes; les antennes sont d'un brun noirâtre en dessus et d'un brun clair en dessous.

La femelle diffère du mâle par les caractères suivans : ses quatre ailes sont d'un jaune beaucoup plus pâle, et leur bande noire est ordinairement interrompue près de l'angle externe des premières ailes; cette même bande s'efface en partie vers l'angle anal des secondes.

La chenille est d'un vert pâle, avec une ligne latérale d'un vert plus foncé, et une autre ligne latérale blanche immédiatement au-dessus des pattes. Cette dernière ligne offre antérieurement une série de cinq gros points fauves; la tête, les pattes et le dessous de l'abdomen sont d'un vert blanchâtre.

Elle vit sur différentes espèces de *trifolium* et de *cassia*, et sur plusieurs autres légumineuses.

La chrysalide est très-bossue, un peu arquée, d'une couleur verte, presque blanchâtre sur les côtés et sur le dos; elle est, en outre, parsemée irrégulièrement de taches rougeâtres. Le papillon éclot deux ou trois fois par an; on le trouve, presque pendant toute la belle saison, dans la Géorgie, la Caroline, la Virginie, la Floride, etc.; on le trouve aussi à Cuba.

GENRE COLIADE. *Colias. Fabricius. Lat.*

Palpes inférieurs très-comprimés, garnis de poils courts
et serrés, leur dernier article *beaucoup moins long
que le précédent; antennes droites, courtes, se terminant par un cône obtus qui naît au plus du quart de
leur longueur;* secondes ailes formant une gouttière
qui embrasse le dessous du corps, comme dans les
genres précédens; cellule discoïdale des secondes
ailes fermée; *corps plus court que les secondes ailes;*
corselet robuste; ailes consistantes.

Chenilles rases, cylindriques; chrysalide bossue, non
arquée, toujours attachée par la queue et par un
lien transversal placé au-dessus du milieu du corps.

Les *Coliades* forment un des genres les plus naturels
parmi les lépidoptères diurnes; leur couleur est toujours le jaune plus ou moins vif, avec des taches ou
une bordure, noires. Leurs palpes et leurs antennes sont
toujours roses ou rougeâtres; le dessous de leurs ailes
inférieures offre, vers la cellule discoïdale, un ou deux
points ou taches argentées, caractères qui les distinguent nettement des *Piérides* et des *Xanthidies.*
Les *Coliades* sont répandues dans toutes les parties
tempérées du globe, mais elles ne paraissent pas ha-
biter les parties équatoriales des deux continens; toutes
celles que nous connaissons sont de l'Europe, de la

Sibérie, du Cap de Bonne-Espérance, de la Barbarie,
de l'Amérique septentrionale, du Mexique et de la
Nouvelle-Hollande. Leur vol est beaucoup plus rapide
que celui des *Piérides*, et elles sont généralement plus
difficiles à prendre.

Les chenilles vivent sur les légumineuses.

C. EDUSA. (1)

*Col. alis rotundatis, integerrimis, supra luteo-fulvis,
limbo communi nigro; anticis utrinque puncto medio
atro; posticis subtus flavo-virescentibus, puncto sesquialtero argenteo; posticarum limbo supra (fœminæ)
fascia maculari flava.*

*Papilio Edusa, alis integerrimis, fulvis, puncto mar-
gineque nigris, subtus virescentibus, anticis puncto
nigro, posticis argenteo*, FAB., *Mant. Ins.*, t. II,
p. 23, n. 240.

Papilio Edusa, FAB., *Entom., Syst. Em.*, t. III, pars I,
p. 206, n. 645.
Papilio Edusa, HUBNER, *Europ. Schmett.*, tab. LXXXV,
f. 429-430.
Colias Edusa., OCHS., *Europ. Schmett.*, t. I, pars II,
p. 173.

---

(1) Les lépidoptères qui habitent l'Europe étant généralement
très-connus et figurés dans beaucoup d'auteurs, nous donnerons
seulement la description des espèces propres aux deux continens.

Colias Edusa, Gop., *Encyclop. méthod., Ins.,* t. IX.
pars I, p. 103, n. 38.
Colias Edusa. Boisduv., *Index method.,* p. 9.
Papilio Edusa, Bork., *Europ. Schmett.,* pars I, p. 119
et 254, n. 3, pars II, n. 213.
Ross., Panz., Rœs., Scop., Esp., Lang., Schneid.,
Schrank., Wien verz, etc.
Le Souci, Engramelle, Pap. d'Europ., t. I, p. 226,
pl. 54, f. 3. a. e.

VARIÉTÉ?

Colias Myrmidone, Ochs., *Europ. Schmett.,* t. I,
pars II, p. 177.
Papilio Myrmidone, Hubner, *Europ. Schmett.,* tab.
LXXXVI, f. 432-433.
Colias Myrmidone, Gop., *Encyclop. méthod., Ins.,*
t. IX, pars I, p. 103, n. 41.
Lang., Herbst., Bergst., Bork., etc.
Le Safrané Engramelle, Pap. d'Europ., t. I, p. 296,
pl. 78, suppl. 24, f. 111, a. b. *bis.*

VARIÉTÉ FEMELLE.

Papilio Helice, Hubner, *Pap.,* tab. LXXXVII, fig.
440-441.

Le dessus de ses ailes est d'un jaune tirant sur le
fauve, plus ou moins mélangé de verdâtre sur les inférieures.

Les supérieures ont sur le milieu de la côte un point

d'un noir foncé; le dessus des ailes inférieures offre une tache orangée arrondie; le contour des quatre ailes présente une bordure noire, sinuée sur le côté interne, plus large aux premières qu'aux secondes ailes.

Le dessous des premières ailes diffère du dessus, en ce que toute la partie correspondante à la bordure est d'un jaune verdâtre, et séparée du fond par une ligne transverse de points, dont les trois inférieurs, noirs, les autres, ferrugineux, plus petits.

Le dessous des secondes ailes est entièrement d'un jaune verdâtre, avec deux points discoïdaux argentés, dont l'extérieur moins gros; outre ceux-ci il y en a d'autres d'une couleur ferrugineuse pâle, disposés sur une ligne arquée transverse, à égale distance du milieu et du bord inférieur.

La frange des quatre ailes est rose en dessous, jaune et entrecoupée de rouge brun en dessus; le corps est d'un jaune verdâtre, avec le dos noirâtre.

La femelle diffère du mâle en ce que la bordure noire est divisée par une série de gros points jaunes.

Elle habite les prairies de l'Europe, au printemps et à l'automne.

La *Colias Myrmidone* des auteurs ne diffère de celle que nous venons de décrire que parce qu'elle est un peu plus petite, que sa couleur est d'un fauve plus vif, avec un faible reflet violâtre, et enfin, en ce que le point noir du dessous des premières ailes a toujours le milieu blanchâtre ou verdâtre.

Elle se trouve en Hongrie et en Styrie.

La variété *Helice* n'est qu'une femelle, dont le fond des ailes est blanchâtre ainsi que la bande maculaire qui divise la bordure.

C'est surtout dans le midi de la France que l'on trouve cette variété.

Telle est la description des individus que l'on trouve en Europe; voici ce que ceux de l'Amérique septentrionale présentent de particulier : le mâle a les ailes d'un fauve un peu plus pâle; la femelle a la bande maculaire d'un jaune un peu plus verdâtre.

Elle se trouve au printemps, et surtout à l'automne, dans les champs aux environs de New-York, moins communément que la *Philodice*.

La chenille, qui ne diffère en rien de celle d'Europe, est d'un vert foncé, avec une ligne blanche sur chaque côté; cette ligne est tachetée de fauve et ponctuée de bleu. Elle vit sur les *Trifolium*.

La chrysalide est droite, un peu gibbeuse, verte, avec une raie jaune sur chaque côté.

C. CHRYSOTHEME.

Col. alis integerrimis, supra fulvo-lutescentibus, limbo communi nigro; subtus anticis puncto ocellari, posticis sesquialtero argenteo.

Colias Chrysotheme, Ochs.; *Europ. Schmett.*, t. 1, pars II, p. 179.

Colias Chrysotheme, God., *Encyclop. méthod.*, *Ins.*,
t. IX, pars I, p. 105, n. 42.
Papilio Chrysotheme, Schneid., *Syst. Beschr.*, p. 66,
n, 15.
Papilio Chrysotheme, Hubn., *Europ. Schmett.*, tab.
LXXXV, f. 426-428.
Colias Chrysotheme, Boisduv., *Ind. method.*, p. 9.
Borkh., Bergst., Illig., etc.

Elle ressemble un peu à l'*Edusa*, mais elle est beaucoup plus pâle, et le fauve ne paraît guère que vers
le disque des ailes supérieures, d'où il s'étend, en se
fondant peu à peu avec la couleur jaune du fond.
Dans la femelle, la bande maculaire jaune est tout-
à-fait continue sur les ailes inférieures; la tache punc-
tiforme des ailes supérieures est oblongue, pupillée
en dessous dans les deux sexes, tandis qu'elle est toujours ronde dans l'*Edusa*.

En Europe, cette jolie *Colias* est toujours plus petite que l'*Edusa*; c'est le contraire dans l'Amérique
septentrionale, elle surpasse un tant soit peu cette
dernière.

La *Colias Chrysotheme* se trouve en Hongrie et
en Styrie, au printemps et surtout à la fin de l'été;
dans l'état de New-York on la trouve à la même époque; elle est plus commune dans ce dernier pays que
l'*Edusa*.

C. PHILODICE. Pl. XXI. fig. 1. 2. 3.

*Col. alis integerrimis flavis, limbo communi (fœminæ
flavo punctato) supra nigro; anticis subtus puncto
ocellari, posticis sesquialtero argenteo.*
Calias Philodice, God., *Encyclop. méth.*, *Ins.*, t. IX,
pars I, p. 100, n. 35.
Colias Anthyale, Hübn., *Pap. exot.*

Elle est de la taille de l'*Hyale*, à laquelle elle ressemble un peu.

Le dessus des ailes est d'un jaune serin, avec une
bordure noire assez large, légèrement sinuée intérieurement, et finissant en pointe sur les secondes ailes,
un peu avant l'angle anal. Les premières ailes ont, en
outre, près de la côte, un point noir un peu oblong;
les secondes ailes ont sur le disque un point orangé
pâle.

Le dessous des ailes antérieures est d'un jaune serin,
avec la côte et l'extrémité d'un jaune un peu roussâtre, et un point noir ordinairement ocellé.

Le dessous des ailes postérieures est d'un jaune un
peu roussâtre, avec une petite tache ferrugineuse à
leur côté externe, et deux points discoïdaux argentés,
entourés de ferrugineux, dont l'extérieur beaucoup
plus petit et à peine distinct; il existe, en outre,
parallèlement au bord extérieur des unes et des autres,
une série de petites taches ferrugineuses.

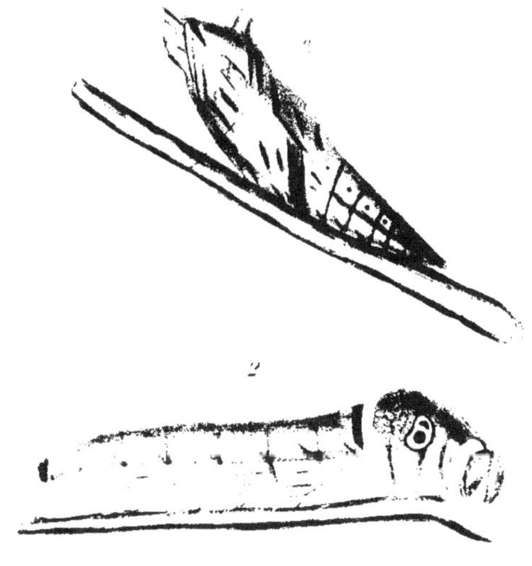

1 Papilio Turnus. 2 la Chenille 3 la Chrysalide.

P. Dumenil dessiné

1. Papilio Glaucus femelle.

Abbott Pinxit.

P. Dumenil direxit.

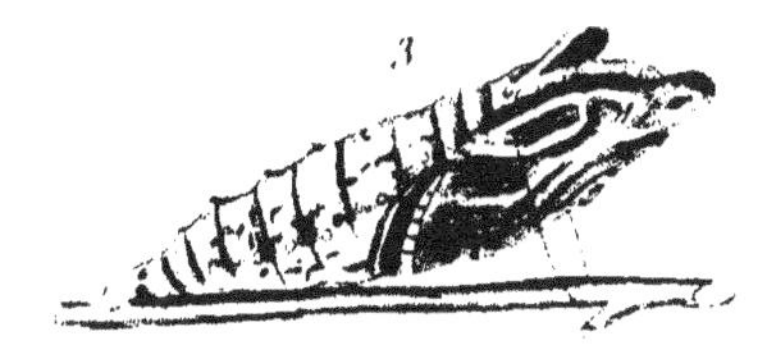

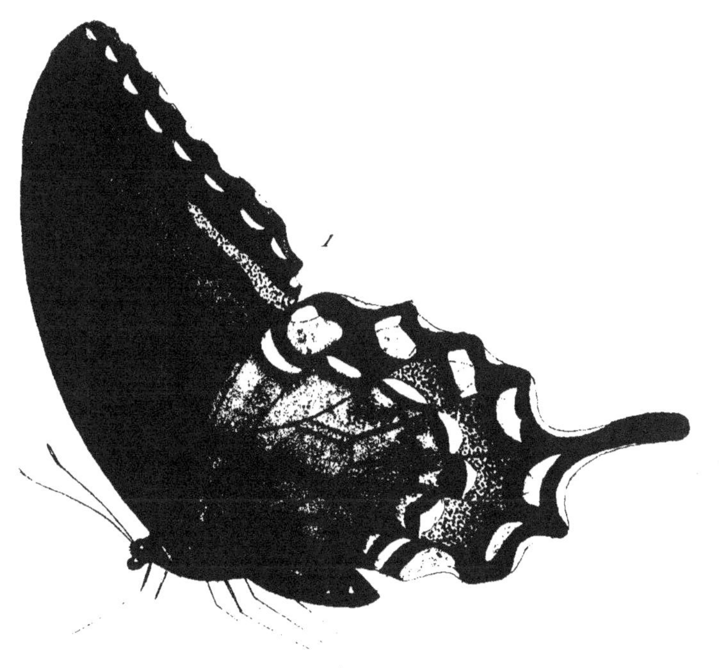

1. Papilio Glaucus. 2. la Chenille. 3. la Chrysalide.

1. Papilio Troïlus, femelle. — 2. le dessous.
3. la Chenille. — 4. la Chrysalide.

Abot Pinxit.   P. Duménil sc.

1. Papilio Philenor. 2. le dessous.
3. la Chenille. 4. la Chrysalide.
Abbott Pinxit.

1. Papilio . Thoas femelle .

Abbott Pinxit .

I. Dumenil direxit .

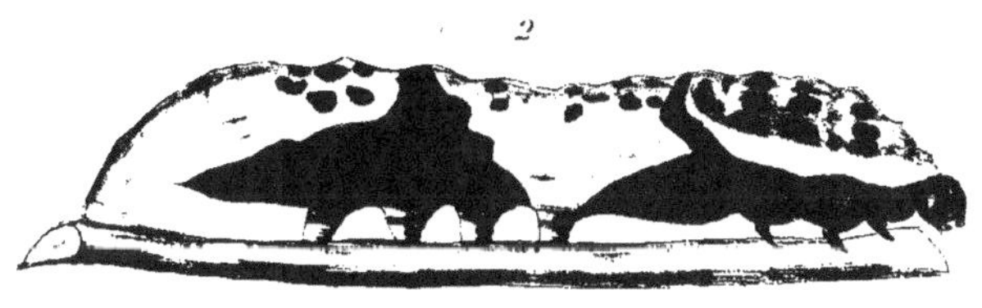

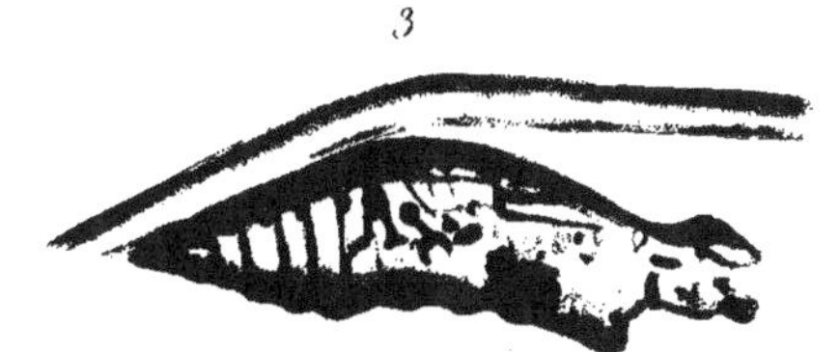

1. Papilio Thoas. 2. la Chenille. 3. la Chrysalide.

Abbott Pinxit.

P. Raimond Direxit.

1. Papilio Villiersii.   2. idem en dessous.

Abbott Pinxit.   Baissonet Sculpsit.

1. Papilio Polydamas. 2. idem en dessous.

Abbott Pinxit.　　　　　P. Duvivier Sculp.

Pl. 16.

1. Pieris Charonea mâle
2. idem femelle
3. la Chrysalide
3. le mâle en dessous
4. la Chenille

Abbott Pinxit

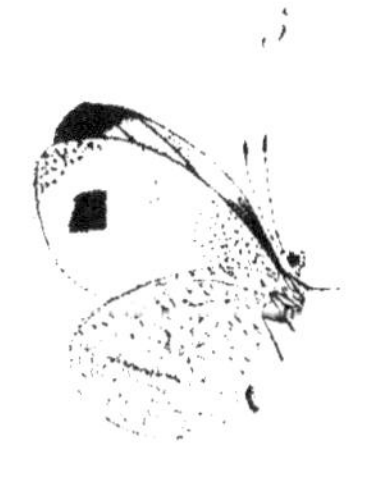

1. Pieris Protodice femelle.   3 le mâle en dessous
2. idem mâle.   4. Pieris Chlorographa
          3 idem en dessous

1. Papilio Troilus, femelle.   2. le dessous.
3. la Chenille.   4. la Chrysalide.

1. Xanthidia Jucunda mâle.
2. idem en dessous.
3. idem femelle.
— la Chrysalide.

4. Xanthidia Lisa.
5. idem en dessous.
6. la Chenille.

Pl. 20

Pl. 21

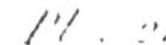

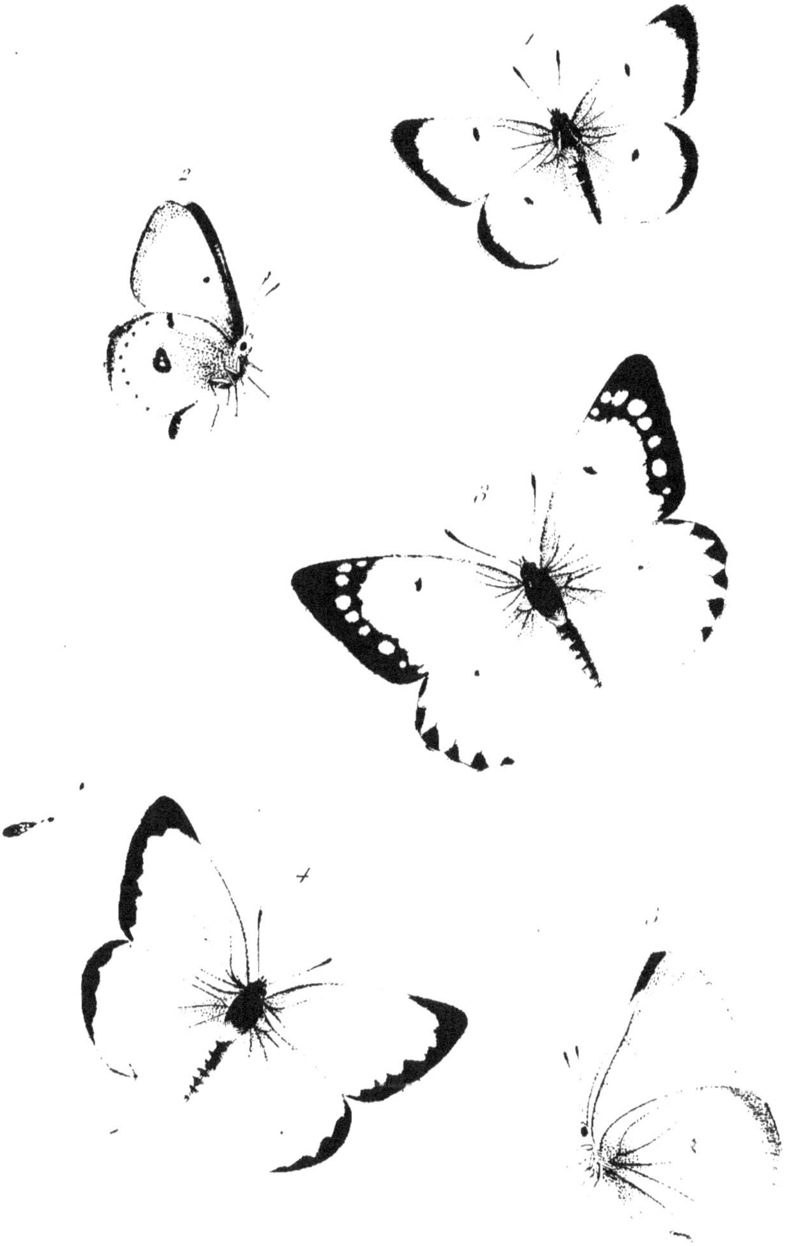

1 Colias Philodice mâle. 3 la femelle.
2 idem en dessous. 4 Colias Pelidne femelle.
5 idem en dessous.

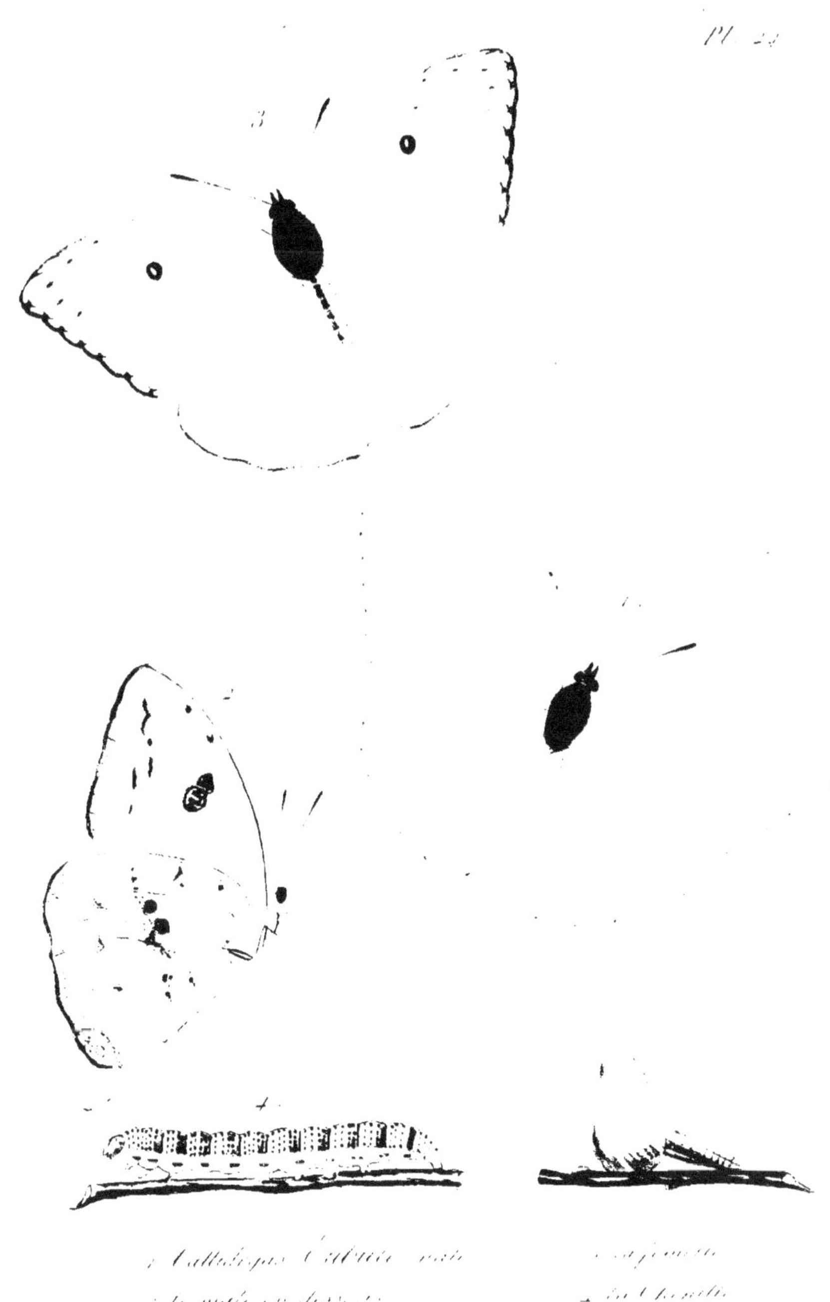

Pl. 23

SECONDE TRIBU (1).

LYCÉNIDES. (*Lycænides, Boisd.*)

Chenilles très raccourcies, en forme de cloportes. Chrysalides *courtes non anguleuses, obtuses aux deux bouts, à anneaux immobiles.* Insecte parfait : six pattes ambulatoires, cellule discoïdale des secondes ailes ouverte.

Cette nombreuse tribu comprend presque tout le genre *Polyommatus* de Latreille et Godart, ou Plébéiens ruraux de Linné, moins tous ceux qui font partie de notre tribu des *Erycinides.*

GENRE THECLA. *Fab.*

Polyommatus, *Lat.*, *God.*; Lycæna, *Ochs.*; Hesperia, *Fab.*; Cupido, *Schrank.*

Chenilles-cloportes en écusson peu allongé, plus ou moins pubescentes, vivant généralement sur les

---

(1) Lorsque nous commençâmes cet ouvrage en 1828, nous comprîmes, comme dans notre *Index methodicus*, sous le nom de *Papillonides* toutes les espèces dont les chenilles se métamorphosent en s'attachant avec un lien transversal ; mais maintenant cette forme pour nous la grande division des *Succincti*, que nous

9

arbres ou sur les arbrisseaux. *Insecte parfait :* palpes
presque droits, un peu écartés, tantôt de la longueur du chaperon, et quelquefois plus longs. Le
dernier article nu, assez long, subulé ou un peu aciculaire ; tête plus étroite que le corselet ; yeux assez
saillans ; antennes de longueur moyenne, terminées
par une massue ordinairement assez peu allongée,
et quelquefois presque fusiforme ; ailes inférieures
prolongées en une ou plusieurs queues grêles, quelquefois, mais rarement, simplement dentées.

Ce genre est le plus nombreux de la tribu. Les espèces qui le composent habitent les deux continens, et
peuvent être partagées en une infinité de races propres chacune à différentes contrées. Ainsi tous les *Thecla* de Java ont entre eux beaucoup de rapports ; il en
est de même de ceux du Brésil et de la Guiane. Ceux de
l'Amérique septentrionale ont en général une affinité
marquée avec ceux de l'Europe ; mais ceux des parties
chaudes de cette vaste contrée se lient presque insensiblement avec les espèces des Antilles et du Mexique.
On pourrait aussi former chaque groupe d'après les
caractères propres aux mâles. Dans les uns les deux
sexes sont semblables ; dans le plus grand nombre, la

---

avons subdivisée dans notre *Icones* en deux tribus, celle des *Papillonides* et celle des *Lycénides* ; peut-être même devra-t-on en former
une intermédiaire avec les *Pieris*, *Colias* et autres genres voisins,
et ne laisser dans les *Papillonides* que les genres dont les chenilles
ont deux tentacules rétractiles sur le premier anneau.

couleur, soit bleue, soit blanche, etc., occupe beaucoup
plus de surface que dans les femelles ; dans un certain
nombre, les mâles ont sur le disque des ailes supérieures une espèce de tache cotonneuse distincte de la
couleur du fond ; dans d'autres, comme dans la plupart des européens, le disque des ailes supérieures
offre une petite tache lisse paraissant presque dépourvue d'écailles, etc.

T. HALESUS. Pl. XXV, fig. 1, 2, 3, 4 et 5.

Alis maris *caudatis, nitide cyaneis, margine nigro ; subtus
fuscis costa, basi anoque rubris ; posticis utrinque angulo ani auro maculatis.*
Alis feminæ *fuscis basi late virescenti-cærulea.*

*Larva viridis capite pedibusque veris testaceis, linea dorsali
fasciisque obliquis obscures ; linea marginali pallida.*

Polyommatus Halesus. God., *Encyclop. méthod.*, IX,
p. 626, 32.
*Papilio P. R. Halesus, alis bicaudatis, cæruleis, margine
nigro : posticis utrinque auro maculatis.* FAB., *Mant.
Ins.*, t. II, p. 67, n° 638. —*Ent. Syst.*, III, 1, 273,
n° 52.
CRAMER, 98, B. C.
HERBST, tab. CCXCV, fig. 1, 2.
Pap. Dolichos. Hubn., *Zut.*, 219, 220.

Le dessus des ailes du mâle est d'un beau bleu

brillant. Les supérieures ont à l'extrémité une bordure
noire égale de médiocre largeur. Les ailes inférieures
sont terminées par deux queues noires, dont l'externe
près de moitié plus courte; elles ont à l'angle externe,
près du sommet, une large bordure noire, qui ne descend pas jusqu'à l'angle anal. Outre cela, elles ont
une palette anale assez prononcée, saupoudrée des
deux côtés d'atomes dorés qui se prolongent jusqu'à la
base des queues.

Le dessus de la femelle est d'un bleu-verdâtre pâle,
et cette couleur ne s'étend guère au-delà du milieu des
ailes; la palette et la base des queues sont comme
dans le mâle.

Le dessous des quatre ailes dans les deux sexes est
d'un noir brun, avec trois taches rouges, dont une à
l'origine de la côte des supérieures, et les deux autres
à la base des inférieures. Celui de ces dernières offre,
en outre, vers l'angle anal, une raie maculaire d'un
vert doré, suivie de plusieurs taches bleues, saupoudrées de quelques atomes dorés. Dans les mâles il y a
souvent le long du bord des ailes supérieures une
raie bleue plus ou moins longue et plus ou moins
prononcée.

Le corps et le corselet sont en dessus de la couleur
des ailes.

L'abdomen est rouge en dessous et sur les côtés, et
cette couleur s'étend dans quelques individus jusque
sur le dos.

Le dessous de la poitrine est noir, avec quelques

points blancs qui s'étendent jusque sur la base des premières ailes.

La tête est ponctuée de blanc, les antennes sont noires, avec la massue plus fusiforme que dans la plupart des *Thecla*.

La chenille est verte, légèrement pubescente. Sa tête et ses pattes écailleuses sont d'un jaune-testacé roux. Sur le vaisseau dorsal, on voit une petite raie, et sur les côtés neuf bandes obliques d'un vert obscur. A la base des pattes, il y a comme dans beaucoup d'espèces une raie marginale d'un jaune verdâtre.

La chrysalide est roussâtre, pointillée de brun.

La chenille vit sur les *quercus* (chênes) dans les parties chaudes des États-Unis.

T. M-ALBUM. Pl. XXVI, fig. 1, 2, 3, 4 et 5.

*Alis caudatis supra violaceo-cæruleis, margine lato nigro;
subtus obscure cinereis; posticis linea albida, extrame-
dia, biangulosa, extus adjacente macula rubra et ad
angulum analem macula cærulea nigro intus marginata.*

*Larva flavescenti-viridis capite nigro, **linea dorsali fasciisque obliquis obscure viridibus ; linea marginali
flava.***

Il est un tiers plus petit que le précédent. Le dessus
du mâle est d'un bleu un peu violet, avec une large
bordure noire commençant à l'origine de la côte des
supérieures, et finissant à la gouttière abdominale.

Le dessus de la femelle est un peu plus pâle, et la
bordure noire est ordinairement plus large.

Dans les deux sexes, les ailes inférieures sont pourvues de deux petites queues noires dont l'extérieure
très courte.

Le dessous des ailes est d'un cendré obscur ; celui
des supérieures est traversé vers le milieu par une petite raie blanche qui naît sur la côte, et qui finit sur la
dernière ramification de la nervure médiane. Les ailes
inférieures ont au-delà du milieu une ligne blanche,
droite dans sa moitié antérieure, anguleuse vers l'angle anal où elle décrit une espèce d'M, se repliant
ensuite vers la gouttière abdominale. Entre cette ligne

et le bord extérieur, on en voit une autre moins marquée, ombrée de noirâtre extérieurement, interrompue par une tache rouge arrondie, située dans l'espace
qui sépare les deux queues. L'angle anal a une palette
noire, séparée de la queue interne par une tache car-
rée d'un bleu pâle. A la base des queues, on voit aussi
une petite ligne blanche ou grisâtre qui sépare la
frange, qui est elle-même blanche dans cette partie de
l'aile. Outre ces caractères, la base de la côte des supérieures est rougeâtre, et le milieu des inférieures,
près du bord d'en haut, est marqué d'un point blanchâtre.

Le corps est bleuâtre en dessus, et d'un gris cendré
en dessous.

Les antennes sont noirâtres, annelées de blanchâtre, avec la massue noirâtre allongée, fauve à son
sommet.

Dans quelques individus, il y a une petite tache
rouge sur la palette de l'angle anal en dessus.

La chenille est légèrement pubescente, d'un vert-
pâle un peu jaunâtre, avec une raie dorsale, et sept
traits obliques d'un vert obscur. La tête est noire. La
raie marginale est jaune, légèrement ombrée de vert
obscur sur son côté supérieur.

La chrysalide est d'un gris brun, avec la partie antérieure et l'enveloppe des ailes d'un gris pâle un peu
verdâtre.

La chenille vit sur plusieurs espèces de chênes.

Elle se trouve en **Géorgie**.

T. PSYCHE (1). Pl. XXVII, fig. 1, 2, 3, 4 et 5.

Alis bicaudatis violaceo-cæruleis micantibus, margine lato nigro ; posticis sæpius macula anali, rubra, obsoleta ; subtus cinereis, anticis strigis duabus albis, inferne junctis ; posticis linea biangulosa macula rubra arcaque cærulea analibus.

Larva viridis capite nigro, linea dorsali fasciisque obliquis obscurioribus; linea marginali pallidiori.

Il est tout-à-fait de la taille d'*M-Album*, et nous croyons qu'il doit être considéré comme une simple variété de cette dernière espéce ; en effet, il n'en diffère qu'en ce que le dessous des ailes est d'une couleur cendrée roussâtre, qu'en ce que les ailes supérieures sont traversées par deux raies blanches qui viennent se réunir vers le bord externe, tandis que dans l'espéce en question il n'y a que la première de ces raies qui soit bien distincte.

Les quatre ailes sont d'un bleu brillant un peu violet, avec une large bordure noire commençant le long de la côte des supérieures, et finissant au bord abdominal des inférieures. Les supérieures ont en outre la côte souvent un peu rougeàtre ou roussâtre vers son origine.

---

(1) Je n'ai jamais vu cette espéce en nature, et je suis à-peu-près certain qu'elle n'est qu'une variété d'*M-Album*. (BOISD.)

Les inférieures sont terminées par deux queues, dont l'externe beaucoup plus courte. Dans la plupart des individus de l'un et de l'autre sexe, l'angle anal est marqué d'une petite tache rouge.

Dans l'un des sexes, on remarque quelquefois sur le disque des ailes supérieures une p·tite tache blanchâtre, qui se fond plus ou moins avec le bleu.

Le dessous des quatre ailes est d'un cendré obscur tirant sur le jaunâtre. Celui des supérieures est traversé dans sa moitié postérieure par deux raies blanches se touchant à leur extrémité inférieure. La première de ces raies est droite, la seconde est un peu convexe en dehors. Les ailes inférieures sont traversées au milieu par une raie blanche, décrivant un peu avant l'angle anal une espéce d'M, et se repliant ensuite comme dans l'espéce précédente pour gagner le bord abdominal. Entre cette raie et le bord extérieur, on en voit une autre interrompue, entre les deux queues, par une tache rouge. En dedans de la queue la plus longue, il y a en outre un espace bleu ou bleuâtre, bordé de noir en dedans.

La chenille a tout-à-fait le même dessin que celle de l'espéce précédente; elle est d'un vert plus obscur avec la raie marginale moins jaune.

La chrysalide est aussi à-peu-près semblable, mais les incisions sont un peu plus noires.

La chenille vit de même sur différentes espéces de *quercus* (chênes). Elle se trouve dans plusieurs parties des États-Unis, sur-tout en Géorgie.

T. HYPERICI (1). Pl. XXVIII, fig. 1, 2, 3, 4 et 5.

Alis bicaudatis supra fuscis; posticis apice maculis fulvis
extus emarginatis; subtus cinereis strigis duabus un-
dulatis albis, posticis fascia submarginali fulva angulo
ani cærulescente; abdomine feminæ apice rubricanti.

Larva supra pallide rubra, lineis tribus fuscis.

Il a tout-à-fait le port du *Favonius*, dont il n'est
probablement qu'une variété un peu plus grande.

Le dessus des ailes est d'un brun noirâtre. Les ailes
supérieures dans la femelle sont d'une teinte uniforme.
Dans le mâle, elles offrent sur leur disque une ombre
plus obscure, formant une espèce de tache peu distincte.

Les ailes inférieures ont deux queues, dont l'interne
beaucoup plus longue. Ces queues sont précédées
d'une ou de deux taches fauves, arrondies antérieurement, échancrées postérieurement, et appuyées sur
une tache noire, séparée de la frange par une raie d'un
gris-bleuâtre pâle. Le bord de la palette anale est aussi
un peu bordé de fauve.

---

(1) Je n'ai pas vu cette espéce en nature, et je suis très porté à
croire qu'elle n'est qu'une variété de *Favonius*, et que la chenille
qu'Abbot aura trouvée sur le millepertuis se rapporte peut-être à
une espéce d'un autre genre. Ce serait du reste le premier des *The-*
cla qui, à notre connaissance, vivrait sur des plantes herbacées.

Le dessous des quatre ailes est d'un gris-cendré blanchâtre. Les supérieures sont traversées dans leur moitié postérieure par deux raies un peu tremblées, dont l'antérieure est blanche, bordée de brun rougeâtre, et l'autre brune, faiblement éclairée de blanchâtre.

Les inférieures sont traversées par deux raies blanches un peu tremblées, ombrées de brun antérieurement, et dont l'antérieure est anguleuse en approchant de l'angle anal, et dont la postérieure est interrompue entre les deux queues par une tache fauve, marquée de noir en arrière. La palette anale est plus largement fauve qu'en dessus, et entre elle et l'autre tache fauve il y a un espace d'un bleu pâle. Outre cela, les quatre ailes ont à l'origine de la frange une petite ligne brunâtre plus ou moins apparente, et la côte des supérieures est un peu lavée de fauve à son origine.

Le corps est de la couleur des ailes, avec le dessus de la tête un peu fauve, ainsi que l'extrémité de l'abdomen de la femelle. Les antennes sont noirâtres annelées de blanc, avec la massue un peu rousse à son extrémité. La poitrine et le dessous du ventre sont blancs.

La chenille est en dessus d'un rouge un peu violâtre, avec trois raies brunes, dont une sur le vaisseau dorsal. Le dessous du ventre, les pattes et la tête sont verts.

La chrysalide est jaunâtre, avec les anneaux de l'abdomen un peu violâtres, marqués de quatre rangs de points noirs.

Elle vit sur les *hypericum*, en Géorgie et en Floride.

T. FALACER. Pl. XXIX, fig. 1, 2, 3, 4 et 5.

*Alis bicaudatis supra fuscis; subtus obscure cinereis strigis
   duabus undulatis albidis; posticis fascia submarginali
   fulva interrupta areaque anali cærulescente.*

*Larva rufo-cinerea fasciis obliquis, maculis dorsalibus
   duabus elongatis fuscis.*

Polyommatus Falacer. God., *Encycl. mé h.*, IX, p. 633,
   nº 58.
Papilio Calanus. Hubn., *Exot.s aml.*

Il a le port et la taille du *Lyncæus* d'Europe. Le dessus des quatre ailes est d'un brun-noirâtre uniforme.
Les supérieures dans les mâles offrent sur le disque
une petite tache ovale, luisante, grisâtre, paraissant
presque dépourvue d'écailles.

Les inférieures sont terminées par deux petites
queues gréles, un peu blanchâtres à l'extrémité, et
dont l'interne est beaucoup plus longue. A la base de
ces queues, près de la frange, on voit une petite strie
d'un blanc grisâtre, quelquefois précédée en dedans
d'une tache fauve peu marquée.

Le dessous des quatre ailes est d'un brun cendré,
avec une petite raie courte, géminée, bleuâtre, sur le
disque de chacune. Les supérieures sont traversées
dans leur tiers postérieur par deux petites raies trem-

blées d'un blanc bleuâtre, ombrées de brun sur un de leurs côtés, dont l'extérieure est beaucoup moins marquée. Les inférieures sont traversées par deux raies semblables qui se replient pour gagner le bord abdominal. En arrière de ces raies, il y a entre les deux queues une tache fauve, bordée de noir sur son côté postérieur, suivie extérieurement d'une ou deux petites taches de la même couleur qui s'alignent avec elle, et sur son côté interne, près de l'angle anal, d'un espace d'un bleu un peu cendré, bordé par une palette noire. L'échancrure anale est aussi un peu bordée de fauve. A la naissance de la frange, il y a une petite ligne blanche marginale.

Le corps est en dessus de la couleur des ailes. La poitrine est garnie de quelques poils bleuâtres, et le ventre est blanchâtre. Les antennes sont noirâtres annelées de blanc, avec la massue noirâtre.

La femelle n'offre aucune autre différence que celle que nous avons signalée.

La chenille est d'une couleur roussâtre pâle, un peu plus obscure, et teintée d'un peu de verdâtre sur les côtés qui sont marqués de traits obliques bruns. Sur le dos, elle a une large bande brune qui disparaît sur les anneaux du milieu, où elle est remplacée par deux lignes parallèles de la même couleur, et qui reparaît sur les anneaux postérieurs. Si le dessin et la description d'Abbot sont exacts, elle a aussi le premier anneau un peu échancré en avant et comme bifide.

La chrysalide est d'un brun jaunâtre, plus claire

sur les anneaux, pointillée et saupoudrée de quelques atomes bruns.

La chenille vit sur différentes espéces de *cratægus*.

On la trouve en mai dans une grande partie des États-Unis.

T. FAVONIUS. Pl. XXX, fig. 1, 2, 3, 4 et 5.

*Alis bicaudatis supra fuscis; posticis apice maculis fulvis
extus emarginatis; subtus cinereis strigis duabus undulatis albis; posticis fascia submarginali fulva angulo
ani cærulescente; abdomine feminæ apice fulvescente.*

*Larva viridis linea dorsali fasciisque obliquis obscurio-
ribus.*

*P. Favonius, alis subcaudatis, fuscis, fulvo maculatis;
subtus cinereis utrinque strigis duabus albis; posticis
fascia submarginali fulva angulo ani cæruleo.* SMITH-
ABBOT, *Ins. of Georg.*, vol. I, p. 27, tab. XIV.

Polyommatus Favonius. GOD., *Encyclop. méthod.*, IX,
635, 65.

Il a le port et la taille du *Falacer.* Ses quatre ailes
sont d'un brun noirâtre. Les ailes supérieures dans la
femelle sont d'une teinte uniforme. Dans le mâle, elles
offrent sur leur disque une ombre plus obscure, formant une espéce de tache peu distincte.

Les ailes inférieures ont deux queues, dont l'interne
beaucoup plus longue, précédées d'une à deux taches
fauves, arrondies antérieurement, échancrées en arrière, et appuyées sur une tache noire, séparée de la
frange par un petit liséré d'un blanc bleuâtre.

Le dessous des ailes est d'un gris-cendré pâle. Celui des supérieures est traversé dans sa moitié postérieure par une ligne blanche tremblée, bordée de brun roux sur son côté interne, et près du bord par une raie brune plus ou moins distincte, quelquefois doublée d'un peu de blanc, et qui croise un peu la direction de la première en arrivant vers le bord interne. Celui des inférieures est traversé par une raie blanche tremblée et sinuée, se courbant pour gagner le bord abdominal, et doublée intérieurement de brun roux. Entre cette ligne et le bord de l'aile, il y a une raie brune un peu ondulée, plus ou moins marquée, interrompue entre les deux queues par une tache d'un rouge fauve, marquée en arrière d'un point noir. La palette anale est moitié noire et moitié fauve, marquée d'un peu de blanc sur son côté interne, et séparée de la tache fauve dont nous avons parlé par un espace d'un blanc bleuâtre. La frange des quatre ailes est d'un blanc grisâtre.

Le corps est brunâtre en dessus avec le dessus de la tête, et l'extrémité de l'abdomen de la femelle d'un roux plus ou moins fauve. Les antennes sont noirâtres annelées de blanc, avec la massue noire et le sommet roux.

Outre les caractères ci-dessus, l'origine de la côte des ailes supérieures est roussâtre en dessous.

La chenille, ou au moins celle que M. Abbot nous donne pour telle, et qui est exactement la même que celle figurée dans l'ouvrage de M. Smith, est verte, légèrement pubescente, avec une raie dorsale et neuf traits obliques d'un vert obscur.

La chrysalide est grisâtre, avec deux rangs de points noirs sur chaque côté.

La chenille vit sur plusieurs espéces de chênes, particulièrement sur le *quercus rubra*, dans les parties méridionales des États-Unis.

Observation.

Nous n'avons pas cité dans notre synonymie le *Papilio Melinus,* figuré dans le *Zuträge* d'Hubner sous les numéros 121 et 122. Cependant nous croyons qu'il ne doit être considéré que comme une très légère variété de notre *Favonius,* et si les figures de cet iconographe n'étaient pas ordinairement d'une exactitude minutieuse, nous l'eussions rapporté sans hésiter à cette espéce. La seule différence que nous y trouvions, c'est que dans la figure d'Hubner la raie blanche tremblée qui traverse les ailes inférieures décrit un petit angle rentrant en face l'espace bleuâtre qui sépare les taches fauves, tandis que dans nos individus cet angle est placé sur la nervure médiane de l'aile. Pour le reste, l'identité est évidente. Quant au *Favonius* de Smith-Abbot, je ne suis nullement certain que ce soit bien le même que celui que nous donnons pour tel. Abbot a fait une confusion inextricable dans les chenilles de trois espéces, et par suite dans ses dessins. Celle qu'il

nous donne comme la chenille du *Favonius* est assez
semblable à celle figurée dans l'ouvrage de Géorgie ;
mais l'insecte parfait qu'il a peint comme provenant
de cette chenille n'a presque aucun rapport avec celui
qu'il avait envoyé ci-devant à M. Smith, tandis qu'il en
a beaucoup avec notre *Hyperici*.

Dans notre planche XXXI, nous donnons la figure
d'un *Thecla* (*Liparops*) que M. Abbot nous a envoyé
comme nouveau. Cette espéce a la plus grande ressemblance avec le *Favonius* de Smith, et la chenille ne
me paraît pas différer de celle que nous donnons dans
notre planche XXX.

Après avoir bien examiné les individus que je pos-
séde en nature, et après les avoir comparés attentive-
ment avec les dessins originaux et les notes d'Abbot,
je crois être arrivé au résultat suivant. Notre *Hyperici*
serait le même que notre *Favonius,* dont la véritable
chenille serait celle figurée, pl. XXVIII, sur le millepertuis, quoiqu'elle doive vivre sur un arbre. Notre
chenille de la planche XXX serait la même (et quant
à moi, je n'y vois pas de différences sensibles) que
celle de la planche XXXI ; et la prétendue espéce nouvelle figurée sur cette planche sous le nom de *Liparops*
devrait être considérée comme le véritable *Favonius* de
M. Smith ; mais Abbot et mon collaborateur ne par-
tageant pas entièrement cette manière de voir, j'ai dû
céder provisoirement à l'autorité des personnes qui ont
fait leurs observations sur les lieux. (BOISD.)

T. LIPAROPS. Leconte. Pl. XXXI, fig. 1, 2, 3, 4 et 5.

*Alis bicaudatis, supra fuscis anticis area discoidali fulva;
subtus cinereis strigis undulatis, albis; posticis fascia
submarginali, fulva, interrupta anguloque ani cæruleo.*

*Larva flavo-viridis linea dorsali fasciisque obliquis viridi-
obscuris.*

Il a le port et la taille du *Thecla Falacer.* Le dessus
des ailes est d'un brun assez clair; celui des supérieures
offre sur le milieu du disque un espace fauve, ovale-
oblong, disposé transversalement, et se fondant plus
ou moins avec sa couleur du reste de la surface. Dans
l'un des sexes que nous supposons être la femelle,
cet espace fauve est précédé en dedans d'une petite
tache noirâtre.

Les ailes inférieures sont terminées par deux petites
queues, dont l'interne moitié plus longue. Entre ces
deux queues, on voit ordinairement dans la femelle
une tache fauve. Dans les deux sexes, il y a en outre
une petite tache noire à la base de chaque queue, séparée de la frange par une petite raie blanche ou blanchâtre. La palette anale est aussi marquée d'une petite
tache noirâtre, surmontée d'un peu de blanc.

Le dessous des ailes est d'un gris-cendré pâle; celui
des supérieures est traversé par quatre lignes blanches, un peu tremblées, plus ou moins prononcées,

se réunissant souvent vers le bord interne. Entre ces lignes et le bord extérieur, on voit une autre ligne blanche sinuée. Celui des inférieures est traversé également par deux raies doubles, dont les antérieures se replient presque en angle aigu pour gagner le bord abdominal. Derrière ces raies, il y a une bande fauve maculaire, formée de trois à six taches, bordées d'un peu de noir antérieurement, et dont les plus près du bord abdominal sont aussi marquées d'un peu de noir en arrière. La palette anale est marquée d'un peu de noir, et entre elle et la queue la plus longue il y a un espace bleuâtre.

Le dessus du corps est de la couleur des ailes. Le dessous de la poitrine, l'abdomen et les pattes sont d'un blanc grisâtre. Les antennes sont noires, annelées de blanc, avec l'extrémité de la massue d'un fauve ferrugineux.

La chenille est d'un vert jaunâtre, avec une ligne dorsale et huit traits obliques d'un vert un peu obscur. La raie latérale ou marginale est aussi d'un vert obscur, doublée de jaune inférieurement.

Elle se trouve en Géorgie sur le *quercus rubra*.

La chrysalide est d'un gris cendré, avec deux rangs de points noirâtres sur chaque côté des anneaux de l'abdomen.

Elle éclôt dans le courant de mai.

1. *Thecla felderi* mâle.
2. idem femelle.
3. le mâle en dessous.
4. la Chenille.
5. la Chrysalide.

1. Thecla [illegible] mâle
2. idem en dessous
3. la chenille
3. idem la femelle
4. la chrysalide

T. IRUS. Pl. XXXI, fig. 5 , 6 , 7 et 8.

Alis denticulatis fuscis, feminæ *ad extimum rufescentibus, breviter subbicaudatis; subtus fuscis, striga transversa, communi, sinuata albida; posticis ad apicem cinerascentibus striga interrupta, obsoleta brunnea.*

Larva flavo-viridis, lineis duabus dorsalibus, altera ad basin pedum strigisque brevibus obliquis viridibus.

Polyommatus Irus. God., *Encycl. méth.,* IX, p. 674, n° 177.

Godart est le premier auteur qui ait fait connaître ce lépidoptère; mais la description qu'il en donne ayant été faite sur un individu mâle très défectueux par vétusté, il ne nous aurait pas été possible de reconnaître cette espèce, si nous n'eussions vu dans la collection du Muséum national l'exemplaire unique qui lui a servi pour son travail.

Il a environ quinze lignes d'envergure, c'est-à-dire qu'il a à-peu-près la taille du *Quercus* d'Europe. Le dessus des ailes du mâle est d'un brun noirâtre, avec une petite tache ovoïde, d'un grisâtre mat, près de la côte des supérieures, comme dans beaucoup d'espéces du même genre; chez la femelle il est plus brun, avec l'extrémité d'un fauve roussâtre plus ou moins sensible, qui se fond avec la teinte générale. Outre cela, les quatre ailes sont denticulées, avec la frange entrecoupée de blanchâtre. La dernière dent et aussi un peu l'avant-dernière, des secondes ailes, sont un peu plus saillantes que les autres, et semblent former deux petites queues tronquées.

Le dessous des ailes est brun, avec une ligne blanche tranverse, commune, située un peu au-delà du milieu, tremblée et sinuée. Les supérieures ont dans la cellule un trait obscur. Leur extrémité est un peu roussâtre, divisée par une raie obscure peu visible et interrompue par les nervures. Les inférieures ont l'extrémité fortement saupoudrée de gris cendré, et divisée par une ligne transverse interrompue d'un brun pourpré, peu marquée, souvent suivie d'une ou deux petites taches brunes. La base est légèrement saupoudrée de gris, et séparée de la teinte du milieu par une ligne transverse ondulée.

La chenille a beaucoup de rapport avec celle du *Liparops* (probablement *Favonius*). Elle est d'un vert jaunâtre, avec deux raies dorsales interrompues, une raie latérale, et huit traits obliques d'un vert légèrement obscur.

La chrysalide est ferrugineuse, garnie de petits poils, avec deux raies longitudinales plus obscures.

Cette espéce se trouve, mais assez rarement, dans la Géorgie sur plusieurs espéces de *vaccinium*. Elle habite aussi les Antilles.

T. ARSACE. Pl. XXXII.

Alis denticulatis fuscis, feminæ *ad extimum rufescentibus breviter subbicaudatis ; subtus fuscis striga communi , transversa, sinuata, nigra; posticis ad apicem cinerascentibus striga maculari , obsoleta , fusca.*

Larva carnea dorso albido, lineis duabus dorsalibus, altera laterali , strigisque brevibus obliquis viridibus.

Ce *Thecla* est de la taille d'*Irus,* auquel il ressemble beaucoup par le *facies* et par le port, et forme avec cette espèce et la suivante un petit groupe propre jusqu'à présent à l'Amérique septentrionale et aux Antilles.

Le dessus des ailes du mâle est d'un brun noirâtre, avec une petite tache mate ovoïde, près de la côte des supérieures; chez la femelle il est plus brun, avec l'extrémité d'un fauve roux, formant sur les supérieures une grande tache un peu fondue par ses contours avec la teinte générale, et sur les inférieures une tache plus petite située assez près de l'angle anal. Outre cela, les quatre ailes sont denticulées, avec la frange entrecoupée de blanchâtre absolument comme dans *Irus*.

Le dessous des ailes est brun, avec le milieu traversé par une ligne commune, sinuée d'un brun noir; l'extrémité des supérieures est plus pâle, divisée par deux petites raies transverses plus obscures et assez peu distinctes ; l'extrémité des inférieures est sanpoudrée de gris cendré comme dans *Irus,* divisée par une rangée de taches brunâtres peu marquées, alignées, et formant presque une raie courbe non interrompue.

La chenille est d'une teinte rougeâtre incarnate, avec le dessus du dos blanc depuis le second anneau jusqu'au neuvième, et divisé par deux lignes paralléles, rapprochées, interrompues, d'un vert obscur. Près de la base des pattes, on voit une raie marginale de la même couleur, bordée de blanc en dessous, et entre celle-ci et les raies dorsales il y a comme chez beaucoup d'espéces analogues une série de sept ou huit traits obliques.

La chrysalide est rougeâtre, avec la partie antérieure et l'enveloppe des ailes d'une teinte verdâtre.

Le *Thecla Arsace* est rare. Il vit dans la Virginie et la Géorgie sur plusieurs arbrisseaux de la famille des Vacciniées.

T. NIPHON. Pl. XXXIII, fig. 1, 2, 3 et 4.

*Alis denticulatis fuscis, feminæ ad extimum rufescenti-
bus, subtus dilute fuscis, strigis angulosis tribus, nigris, transversis; posticis ad apicem cinereo-purpuras-
centibus.*

*Larva viridis vittis tribus dorsalibus, albidis, externis
media subflavida.*

HUBNER, *Zutrag.*, fig. 203, 204.

Ce joli *Thecla* a la taille et le port d'*Irus*. Le dessus
des ailes est à-peu-près semblable, c'est-à-dire que
dans le mâle il est d'un brun noirâtre, avec une petite
tache mate ovoïde près de la côte des supérieures.
Dans la femelle il est, comme dans les deux espèces
précédentes, plus terne, avec une grande tache d'un
fauve roussâtre à l'extrémité des supérieures, et une
tache de la même couleur à l'extrémité des inférieures,
non loin de l'angle anal; ces deux taches sont comme
dans *Arsace* un peu fondues avec la teinte générale.
Les ailes sont de même denticulées, avec la frange
entrecoupée de blanc; mais les dents des inférieures
sont à-peu-près égales.

Le dessous des ailes est d'un brun roussâtre assez
clair; celui des supérieures offre dans la cellule discoïdale deux traits noirs transversaux, et au-delà du
milieu une raie sinueuse noire lisérée de blanc en de-

hors, suivie d'une rangée de taches sagittées noirâtres, réunies en une ligne courbe ondulée, séparée de la frange par des petites éclaircies grisâtres. Celui des inférieures est traversé par deux raies noires tortueuses, dont l'une vers la base lisérée de blanc en dedans, et l'autre vers le milieu lisérée de blanc en dehors et s'alignant avec celle des premières ailes. Entre ces deux raies il y a en outre une liture noirâtre, et la plus extérieure est suivie d'une raie noire anguleuse, dont la concavité postérieure est remplie par une teinte pâle, qui la sépare d'une ligne marginale pourprée plus ou moins fondue près de la frange, avec une teinte cendrée.

La chenille est verte, pubescente, marquée sur le dos de trois raies longitudinales, dont celle du milieu d'un jaune pâle, et les deux autres blanches. Près des pattes, elle offre aussi ordinairement une petite ligne marginale blanche. La tête est brune.

La chrysalide est grisâtre, avec quatre rangées de petites taches, dont les deux du milieu noirâtres et moins marquées, et les latérales ferrugineuses.

Cet insecte vit dans la Géorgie et la Floride sur plusieurs espèces de pins. Il est comme les précédents assez rare et peu répandu dans les collections.

Hubner n'a connu que la femelle que lui a communiquée M. le docteur Andersch. Du reste sa figure est fort exacte.

T. SMILACIS. Pl. XXXIII, fig. 5, 6, 7 et 8.

Alis bicaudatis fuscis, anticis maris macula subcostali ovata, pallida; subtus viridibus striga communi undulato-tortuosa antice ferrugineo limbata.

Larva viridis maculis rubris quadriseriatis.

Il a le port et la taille du *Thecla Acaciæ* d'Europe. Le dessus des ailes est de même d'un brun noirâtre, avec une petite tache blanchâtre mate près du milieu de la côte des supérieures; les ailes inférieures offrent à l'extrémité deux petites queues grêles à sommet blanc comme dans les espéces analogues.

Le dessous des ailes est d'un vert moins brillant que dans le *Rubi*, souvent lavé d'un peu de rougeâtre, marqué au-delà du milieu d'une raie transverse blanche, sinueuse et tremblée sur les ailes supérieures, tortueuse sur les inférieures, bordées en avant par une teinte ferrugineuse fondue insensiblement avec la couleur verte. Entre cette raie et la base les ailes inférieures offrent une autre raie courte transverse, sinuée, de la même couleur. L'extrémité de ces dernières ailes est marquée de deux ou trois lunules cendrées, dont l'intermédiaire est noire en avant, et la troisième alignée avec deux ou trois petites taches ferrugineuses plus ou moins distinctes. La palette anale est noire, et près de la frange il y a une petite ligne marginale blanche, presque nulle sur les supérieures

La chenille est verte, avec la tête et les pattes noirâtres. Elle est marquée de quatre rangées de taches rouges, dont deux dorsales formées de taches plus petites, et une de chaque côté, composée de taches un peu plus grande.

La chrysalide est d'un gris brunâtre, avec l'abdomen plus clair et rougeâtre.

Il se trouve dans la Géorgie sur les *smilax*. Il est jusqu'à présent très rare dans les collections.

Cette espèce forme un petit groupe avec les *Thecla Chlorion* et *Simæthis*.

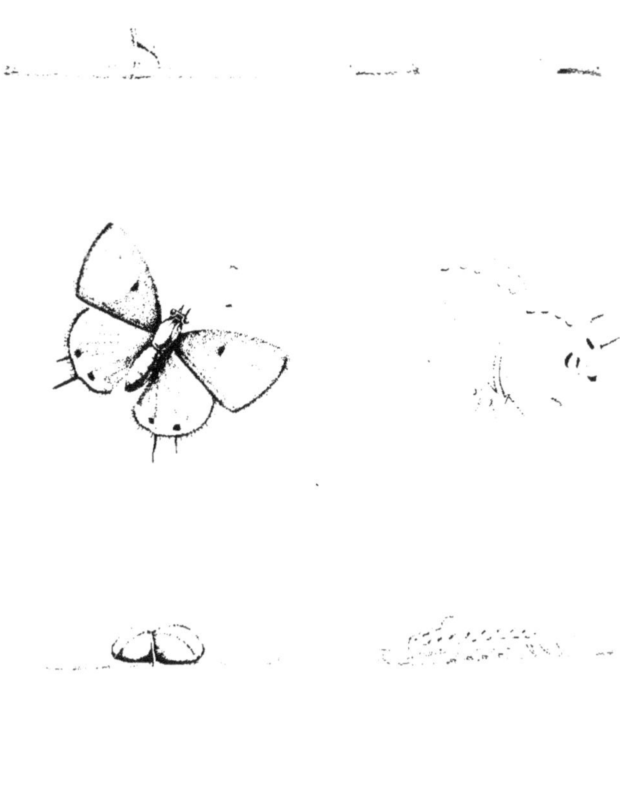

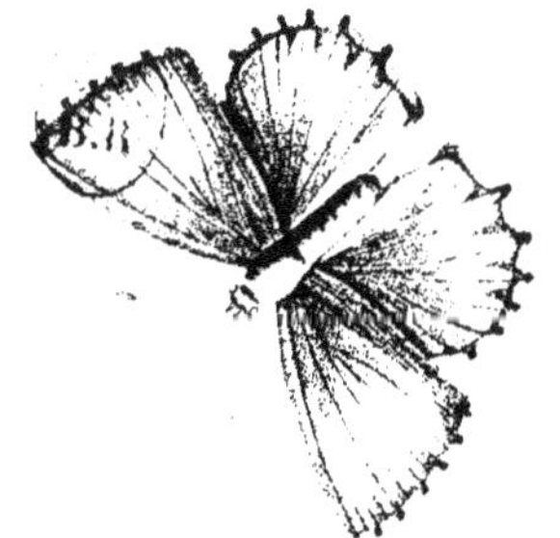

T. MOPSUS. Pl. XXXIV.

Alis ecaudatis nigro-fuscis anticis maris *macula subcostali ovata pallida, singulis* feminæ *ad angulum internum fulvo bimaculatis ; posticis utriusque sexus angulo
anali subproductis ; omnibus subtus dilute fuscis striga
punctorum nigrorum albo cinctorum, fasciaque maculari rubra.*

*Larva viridis, plaga dorsali antica, albo quadrimaculata ;
cauda late albo limbata.*

Hubner, *Zutrag.*, fig. 135-136.

Il a à-peu-près le port du *Thecla W album* d'Europe,
mais il est un peu plus grand et sans aucun rudiment
de queue ; seulement l'angle anal des ailes inférieures
est un peu prolongé en pointe obtuse. Le dessus du
mâle est d'un brun noirâtre, avec une tache ovoïde
blanchâtre près du milieu de la côte des supérieures.
Celui de la femelle est un peu plus terne, sans tache
costale, avec une ou deux taches fauves lunulées vers
l'angle anal de chaque aile.

Le dessous des ailes du mâle est d'un gris-brun
foncé, traversé au-delà du milieu par une rangée de
points noirs cernés de blanc comme dans beaucoup
d'*Argus*, suivie sur les inférieures par une bande
marginale d'un rouge un peu fauve et un peu maculaire, et sur les supérieures par une seconde rangée
de points noirs légèrement cerclés de blanc.

Le dessous des ailes de la femelle est un peu plus clair que dans le mâle. La série de points ocellés est précédée sur les inférieures d'un trait discoïdal noir cerclé de blanc; la bande rouge marginale est plus sensiblement lisérée de noir en avant, et se continue un peu sur les ailes supérieures, où elle remplace la seconde rangée de points noirs dont nous avons parlé en décrivant le mâle.

La chenille par la forme ressemble à toutes les espèces congénères. Elle est d'un vert tendre, avec le dos un peu plus blanchâtre. Sa partie antérieure et dorsale offre un espace brunâtre, quadrangulaire, bifide en arrière, et marqué de quatre taches blanches. Les trois anneaux postérieurs ont une large bordure blanche, lisérée de brun intérieurement. La tête et les pattes sont d'une couleur brunâtre.

La chrysalide ressemble beaucoup à celle du *Smilacis;* mais elle s'en distingue facilement, en ce que de chaque côté elle offre une rangée de petits points d'un jaune ferrugineux.

Ce lépidoptère vit, suivant M. Abbot, sur l'*eupatorium cœlestinum,* dans la Caroline et la Géorgie. Il est très rare dans les collections.

La figure d'Hubner est très bonne; elle représente un individu mâle qui lui a été communiqué par le docteur Andersch.

T. POEAS. Pl. XXXV, fig. 1, 2, 3 et 4.

*Alis bicaudatis nigro-fuscis, anticis basi posticis ad api-
cem cærulescentibus, his lunulis marginalibus obsoletis
nigris notatis; omnibus subtus fusco-cinereis striga
communi, undulata, rubro-ferruginea, linea albida con-
formi extus adnata, posticis lunulis marginalibus obscuris.*

HUBNER, *Exot. Saml.*
Polyommatus Beon, GOD., *Encycl.,* IX, 636, n° 70.

Godart a connu ce lépidoptère, et a cru devoir
le rapporter au *Beon* et au *Vesulus* de Cramer, opi-
nion qu'avec Hubner nous n'osons pas partager. Le
Beon est effectivement de la même taille et lui ressemble par le dessus, mais il offre une lunule rouge
située sur la palette anale, qui ne se retrouve dans
aucun des nombreux individus de *Poeas* qui nous
ont passé sous les yeux. Outre cela, le *Beon*, si la
figure de Cramer est exacte, offre près de l'angle anal
une bande marginale d'un rouge fauve, marquée de
trois taches noires, et séparée de la raie médiane par
une large raie blanche. Quant au *Vesulus*, il n'a d'au
tre rapport avec l'espéce qui nous occupe que d'ap
partenir à un même groupe.

Il est un peu plus petit que le *T. W album* d'Europe
Le dessus des ailes est d'un brun noirâtre, avec la base
des supérieures et l'extrémité ou même toute la sur
face des inférieures d'un bleu pâle. Il est cependant

des individus qui ont la base des ailes supérieures
entièrement noirâtre, et même quelquefois toutes les
ailes, sans aucunes traces de couleur bleue. Les secondes ailes, comme dans toutes les espéces voisines,
sont pourvues de deux petites queues à sommet blanc,
dont l'externe est plus courte. Outre cela, elles offrent
chez les individus qui ont l'extrémité bleue une rangée de petites lunules marginales, inégales, d'un brun
noirâtre.

Le dessous des ailes est d'un gris roussâtre, traversé un peu au-delà du milieu par une raie commune
d'un rouge un peu ferrugineux, un peu ondulée sur
les supérieures, en zigzag et anguleuse sur les inférieures, bordée en dehors sur les quatre ailes par une
ligne blanche, étroite, de même forme. Cette raie est
précédée sur le disque de chaque aile par un trait
plus ou moins bien marqué; elle est suivie sur les supérieures par une raie obscure presque marginale,
souvent peu distincte, et sur les inférieures par un
rang de lunules un peu plus obscures que le fond,
dont l'anale et l'antépénultième plus noires, surmontées d'un chevron ferrugineux, et séparées l'une de
l'autre par un espace d'un cendré un peu bleuâtre.
Outre ces caractères, la côte des supérieures est rougeâtre en dessous vers la base.

Il se trouve assez communément dans la Géorgie, la
Virginie, la Caroline, et peut-être dans quelques unes
des Antilles et même dans plusieurs contrées de l'A-
mérique centrale. Nous ne connaissons pas encore
sa chenille.

GENRE ARGUS.

Polyommatus, *Lat.*, *Steph.*; Lycæna, *Fab.*, *Ochs.*;
Cupido, *Schrank.*

Chenilles-cloportes de forme plus renflée et moins
aplatie que dans les *Thecla*, plus courte que dans
les *Polyommatus. Insecte parfait :* tête plus petite que
le corselet ; palpes recourbés ; le second article couvert de poils courts et serrés, et montant au niveau
des yeux ; le dernier article nu, grêle et filiforme ;
antennes à tige moniliforme, terminée par une massue fusiforme, peu renflée, comprimée latéralement à son extrémité.

Nous avons adopté le nom d'*Argus,* parcequ'il a été
employé génériquement par Geoffroy pour désigner
ces insectes. Sans cela nous aurions eu tort de le
créer, attendu que Linné l'a donné à une des espéces
de ce genre. Ces Lépidoptères forment dans la famille
des Lycénides une série qui semble d'abord assez naturelle, lorsque l'on n'envisage que les espéces d'Europe, mais qui paraît moins tranchée quand on les
réunit à celles de tout le globe, certaines espéces se
fondant insensiblement avec les *Lycæna.* Leur couleur
est le plus souvent bleue, d'où leur est venu le nom
vulgaire d'*Azurins.* Leur dessous offre une multitude

de petites taches ou points ocellés, et souvent une bande marginale de taches fauves. Les femelles diffèrent des mâles, en ce qu'elles sont très souvent brunes ou noirâtres ; mais leur dessous offre toujours comme dans les autres Lycénides le même dessin que dans les mâles. Les ailes sont arrondies, et les inférieures sont ordinairement sans queue. Quelques espéces (et ce sont celles-là qui se rapprochent le plus des *Lycæna*) offrent un petit prolongement filiforme.

Ce genre, peu répandu dans le nouveau continent, est très nombreux en Europe. Il habite aussi les deux extrémités de l'Afrique, Madagascar, l'île Bourbon, les Indes orientales et la Nouvelle-Irlande.

La plupart des chenilles que nous connaissons vivent sur les légumineuses herbacées.

A. FILENUS. Pl. XXXV, fig. 5 , 6 et 7.

Alis maris *cæruleis margine tenui fusco,* feminæ *fuscis basi cæruleis; subtus cinereis punctis ocellaribus nigris albo cinctis, posticis macula anali nigerrima iride fulva pupilla viridi-aurea.*

ARGUS PSEUDOPTILETES. Pl. XXXV.

Polyommatus Filenus, POEY, cent. de l'île de Cuba.
Papilio Hanno? HUBN., *Exot. saml.*
Polyommatus Ubaldus, GOD., *Encycl.,* IX, p. 682, n° 207.
Papilio Ubaldus? CRAM., 390, L. M.

A en juger par les individus du Muséum national

d'histoire naturelle, Godart a décrit cet *Argus* (peut-être avec raison) comme l'*Ubaldus* de Cramer; mais il a confondu en même temps sous ce dernier nom plusieurs autres espéces très différentes des Antilles, et, ignorant leur patrie, il a dit, d'après Cramer, qu'elles se trouvaient au Coromandel. Quant au véritable *Ubaldus* de Cramer, nous n'avons pu le reconnaître, sur la figure grossière qu'il en donne, dans aucun des nombreux exemplaires que nous possédons. Quoiqu'il le dise asiatique, nous ne serions pas éloigné de croire qu'il pourrait bien se rapporter à notre *Filenus*, et que cet auteur aura commis une erreur d'*habitat*. Hubner a représenté sous le nom de *Hanno* une espéce qui est très voisine de la nôtre, et que nous eussions considérée comme la même, si la minutieuse exactitude de cet iconographe ne nous était pas connue. Quant au *P. Hanno* de Stoll, nous le regardons comme une espéce africaine, probablement le *Polyommatus Messapus* de Godart.

Ne pouvant rapporter avec certitude notre espéce à la figure d'aucun des iconographes que nous venons de citer, et par conséquent dans l'impossibilité d'adopter le nom sous lequel Godart l'a décrite, nous lui avons appliqué celui de *Filenus*, nom sous lequel elle est bien figurée par M. Poey dans sa *Centurie des Lépidoptères de l'île de Cuba* (1).

---

(1) Cette espéce porte sur nos planches le nom de *Pseudoptiletes*, parceque la gravure et l'impression étaient terminées avant que M. Poey eût publié les deux livraisons des Centuries des Lépidop

Il a la taille de l'*Ægon*, et tout-à-fait le port du *Melanops* d'Europe. Le dessus des ailes du mâle est bleu, avec une légère bordure noire, et la frange entièrement blanchâtre. Le dessus de la femelle est noirâtre, avec la frange blanchâtre, et la base des ailes supérieures plus ou moins largement bleue. Dans l'un et l'autre sexe, il y a en outre près du bord marginal des inférieures une petite tache noire arrondie.

Le dessous des quatre ailes est d'un gris cendré, ordinairement plus pâle chez le mâle que dans la femelle, avec une lunule discoïdale sur le milieu de chaque, et trois bandes sinuées, communes, formées de petites taches noires cernées de blanc, dont les postérieures sont tout-à-fait marginales un peu moins prononcées et un peu sagittées. L'espace qui sépare la bande interne de la médiane est dans la plupart des individus plus blanc que le reste de la surface, et forme une bande de petites taches quadrangulaires blanches ou blanchâtres. La base des inférieures est marquée d'une rangée transverse de trois points très noirs, cernés de blanchâtre, dont le supérieur ou externe plus gros; celui qui sur la côte commence la bande interne est aussi très noir et pareil à ce dernier. Outre ces caractères communs à plusieurs *Argus* des Antilles, les ailes inférieures offrent sur leur bord marginal, et non loin de l'angle anal, un œil noir cerclé

---

tères de l'île de Cuba; nous avons dû par conséquent adopter le nom de *Filenus* pour ne pas compliquer une synonymie déja trop compliquée.

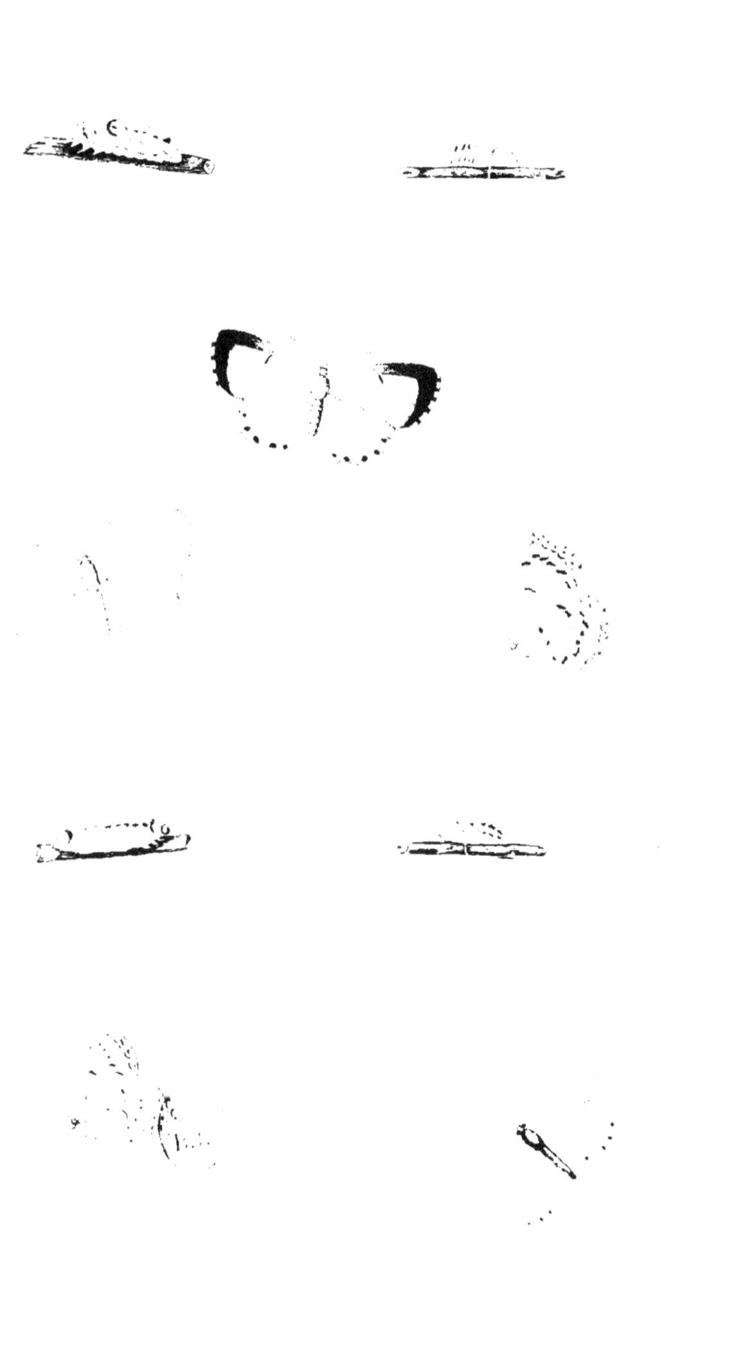

de fauve, tantôt en avant seulement, et tantôt dans toute sa circonférence : ce même œil est en arrière sablé d'atomes d'un vert doré.

La chenille ne nous est pas encore connue.

Il se trouve dans la Caroline, la Virginie, la Géorgie, dans plusieurs Antilles et au Mexique.

A. PSEUDARGIOLUS. Pl. XXXVI, fig. 1, 2, 3, 4 et 5.

Alis integerrimis supra violaceo-cæruleis , feminæ anticis apice , posticis punctis marginalibus fuscis ; maris fimbria alba nigro intersecta ; alis omnibus subtus canocinerascentibus punctis simplicibus nigris.

Larva viridis strigis obliquis obscuris , maculis dorsalibus rubris capiteque nigro.

Il est un peu plus petit que l'*Argiolus* d'Europe, dont il se rapproche beaucoup. Le dessus du mâle est d'un bleu-violet tendre, avec un petit liseré marginal noir, qui, souvent, s'élargit assez sur les supérieures pour former une petite bordure assez prononcée. La frange est blanchâtre et entrecoupée de noir. Le dessus de la femelle est d'un bleu plus pâle et moins violet, avec une large bordure noire sur les supérieures et une rangée marginale de points de la même couleur, à peu près comme dans le sexe correspondant d'*Argiolus*. A l'extrémité de la cellule discoïdale des supérieures, il y a aussi un petit arc noirâtre. La frange des supérieures est entrecoupée de noir.

Le dessous est d'un gris beaucoup plus obscur que chez *Argiolus*, avec un trait discoïdal brun, une ligne transverse, sinueuse de points noirs un peu cernés de blanchâtre, et une rangée marginale de lunules triangulaires brunâtres, s'appuyant chacune en arrière sur

un point plus obscur. Il existe en outre une rangée
transverse de trois points noirs bien marqués à la base
des inférieures.

La teinte du dessous , la grosseur des points noirs
et les lunules marginales distinguent aisément cette
espèce de l'*Argiolus*.

La chenille est verte , pubescente, avec le dos un
peu plus jaunâtre , marqué d'une raie médiane rouge
interrompue , coupée transversalement, presque sur
le milieu , par un arc assez grand, de la même couleur , dont la concavité est tournée en arrière. Les
côtés offrent , comme dans beaucoup d'espèces analogues, des traits obliques plus obscurs que la couleur du fond ; près des pattes, on voit aussi une raie
marginale d'un vert obscur ; celles-ci sont de la couleur du corps ; la tête est noire.

La chrysalide est rougeâtre, avec les enveloppes
des ailes un peu verdâtres et le dos marqué de quatre
rangées de taches plus obscures que la couleur du
fond.

Il vit dans une grande partie des États-Unis , sur
beaucoup d'espèces d'arbustes, comme notre *Argiolus*.
dont il a en grande partie les mœurs.

A COMYNTAS. Pl. XXXVI, fig. 6, 7, 8 et 9.

Alis supra maris *violaceo-cæruleis* (feminæ *fuscis*); *posticis caudatis, punctis marginalibus minutis nigris, arcubusque duobus rubris ; subtus canis nigro ocellatis; posticis lunulis duabus anguli ani fulvis, ocello inaurato singulatim fœtis.*

Larva sordide virescens, strigis obliquis lineaque dorsali interrupta rufescentibus.

God., *Encyclop. méthod.*, IX, p. 660, n° 147.

Il est très voisin de l'*Amyntas* d'Europe, et on pourrait presque le considérer comme une modification locale de celui-ci. Le dessus du mâle est d'un bleu violet, avec le bord postérieur noirâtre. Le dessus de la femelle est d'un brun noirâtre, tantôt uniforme, et tantôt avec la base couverte d'une poussière bleuâtre. Chez les deux sexes, la frange est blanche, et les ailes inférieures offrent une rangée marginale de petites taches noires arrondies, dont une ou deux de celles qui sont près de la petite queue, sont surmontées d'un arc rouge. Le dessous des ailes est d'un gris moins blanc que dans l'*Amyntas*, avec un arc central, puis une ligne flexueuse de petits points oculaires noirs, cerclés de blanchâtre, et deux séries marginales de petites taches brunâtres. Les secondes ailes ont, en outre, une rangée transverse de deux ou

trois petits points basilaires noirs, et deux lunules
anales triangulaires d'un fauve rouge à pointe noire,
appuyées chacune sur un point très noir, mais séparées de lui par un petit arc d'atomes d'un vert doré
brillant.

Cet *Argus* ne diffère absolument de l'*Amyntas* que
par les lunules fauves des secondes ailes qui reparaissent en dessus dans les deux sexes, la couleur
du dessous des ailes, les points ocellés plus noirs,
plus marqués, et les lunules triangulaires rouges des
secondes ailes, qui, en arrière, sont marquées de
vert doré, caractère dont on trouve très rarement des
traces chez l'*Amyntas*.

Chenille d'un blanc-verdâtre sale, avec une raie
dorsale interrompue, et des traits latéraux obliques
roussâtres. La partie antérieure offre, près de la tête,
un trait transversal noirâtre, et la partie postérieure
deux taches triangulaires verdâtres opposées par leur
base. La tête est noire.

Chrysalide jaunâtre, avec les enveloppes des ailes
plus pâles et quatre rangées dorsales de points plus
obscurs.

Il se trouve dans les provinces méridionales des
États-Unis d'Amérique, sur plusieurs espèces d'arbrisseaux de genres différents, selon M. Abbot.

GENRE POLYOMMATUS. *Latreille, God.*

LYCÆNA, *Ochs.*, *Steph.*; HESPERIA, *Fab.*

Chenilles-cloportes en écusson peu allongé, paraissant un peu pubescentes à la loupe, vivant ordinairement sur des plantes basses. *Insecte parfait :* Palpes presque droits, le dernier article nu, assez long et subulé ; tête plus étroite que le corselet ; antennes longues, terminées par une massue fusiforme allongée ; ailes inférieures ayant, dans la plupart des mâles, l'angle anal un peu prolongé ; le bord postérieur ordinairement un peu échancré avant cet angle, dans les femelles.

Ce genre, moins nombreux que le précédent, renferme tous ces lépidoptères connus sous le nom vulgaire de *Bronzés*, *Rutili*. Le fond de leurs ailes est le fauve plus ou moins vif, au moins dans l'un des sexes. Les femelles ont toujours des points noirs en dessus. La plupart des espèces connues sont européennes ; l'Asie Mineure, le Cap de Bonne-Espérance, en produisent aussi plusieurs. Nous n'en connaissons pas de l'Amérique du sud ; mais il est à croire qu'il y en a quelques unes au Chili.

P. PHLÆAS.

Alis anticis fulvis nigro maculatis; posticis supra fuscis fascia crenata, fulva; subtus fuscescenti-cinereis punctis nigris strigaque flexuosa rubricante.

Larva viridis linea dorsali margineque roseis vel pallidis.

Polyommatus Phlæas, God., *Enc.*, IX, p. 670.

God., *Pap. de France*, I, pl. X, fig.

Papilio id., Linn., *Syst. Nat.*, II, p. 793, n° 252.

Hesperia id., Fab., *Ent. Syst.*, III, I, p. 311, n° 178.

Hesperia Eleus (femelle), Fab., *Ent. Syst.*, suppl. V, n°s 180-181.

Papilio Phlæas, Hubn., *Pap.*, tab. LXXII, fig. 362-363.

Ochs., *Schm. von Europ.*, I. — Borkh., Devill., etc.

Esp., *Schm.*, tab. XXII, fig. 1; tab. LXII, cont. 12, fig. 5; tab. LX, cont. 10, fig. 5.

L'Argus bronzé, Ernst, *Pap. d'Europ.*, pl. XLIII, fig. 91, a. b., pl. LXXII; suppl. XVIII, fig. 91, e. g. h.

Geoffroy, *Hist. des Ins.*, tom. II, p. 65.

Cet insecte étant très commun dans toute l'Europe, nous ne l'avons pas fait figurer. Le dessus des ailes supérieures est, chez les deux sexes, d'un fauve luisant, avec la côte et le bord postérieur d'un brun noirâtre, et huit gros points noirs. Celui des ailes inférieures est d'un brun noirâtre, avec un arc central et quelques points plus foncés, puis une bande fauve postérieure ayant les côtés crénelés, quelquefois surmontée d'une rangée de quatre ou cinq points bleus.

Le dessous des ailes supérieures est d'un fauve jaunâtre, avec une douzaine de petits points noirâtres épars, à iris blanc, et l'extrémité cendrée.

Le dessous des inférieures est d'un cendré grisâtre, avec une quinzaine de petits points épars et une ligne flexueuse briquetée, correspondant à la bande crénelée du dessus.

La chenille n'est pas très rare sur les *rumex*; elle est verte, pubescente, avec une ligne dorsale et une ligne marginale d'un rose vif, ou quelquefois d'un vert pâle.

La chrysalide est grisâtre, avec des points plus obscurs sur le dos.

Ce Polyommate se trouve en Europe et dans les parties septentrionales des États-Unis, au printemps et à la fin de l'été. Il habite aussi les environs de Smyrne et la côte septentrionale d'Afrique.

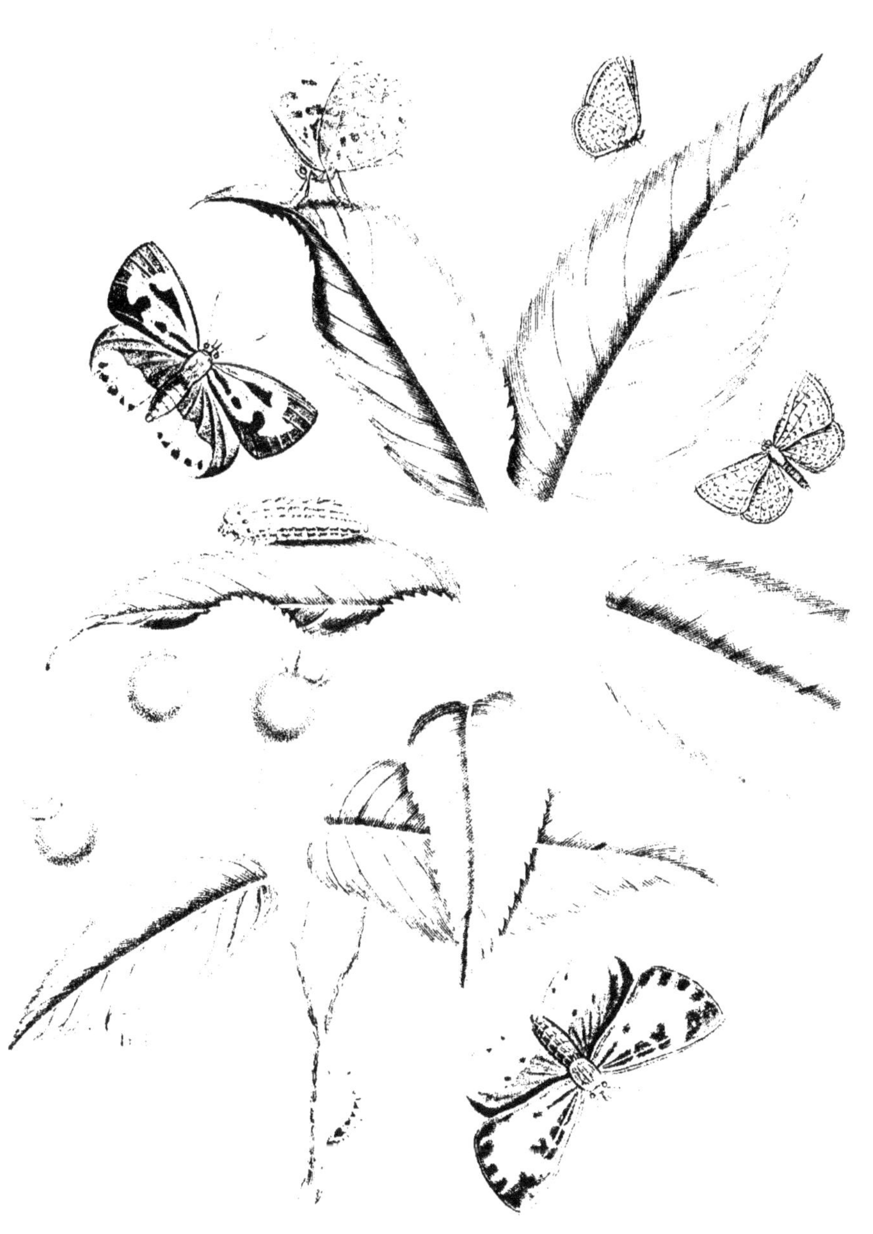

P. THOE. Pl. XXXVIII, fig. 1, 2 et 3.

*Alis maris fuscis violaceo - micantibus, anticis punctis
tribus nigris, posticis fascia marginali fulva extus crenata ; anticis* feminæ *fulvis punctis sparsis margineque fuscis, posticis fuscis punctis nigris fascia marginali crenata fulva; anticis subtus fulvis nigro punctatis
posticis cinereis punctis ocellaribus nigris fasciaque
marginali fulva.*

Boisd. *in* Guerin *Rég. anim. de Cuv.*, pl. 81, fig. 4.

Nous avons déja donné la figure de cette rare et
belle espéce dans l'*Iconographie du règne animal* de
M. Guérin ; mais sa description n'a encore été publiée
nulle part à notre connaissance.

Il est à-peu-près de la taille du *Gordius* d'Europe.
Le dessus des ailes du mâle est brunàtre, avec un
beau reflet violet et une légère bordure noirâtre. Le
disque des supérieures offre trois points noirs, dont
deux dans la cellule discoïdale. Les inférieures ont sur
le limbe terminal une bande d'un fauve orangé, crénelée en arrière, et sur l'extrémité de la cellule discoïdale, un arc noirâtre.

Le dessus des ailes supérieures de la femelle est fauve,
avec une bordure noirâtre et des points discoïdaux
noirs, dont deux ou trois alignés dans la cellule, et les
autres disposés en une ligne tranverse. Celui des inférieures est brunâtre, avec quelques points noirâtres

épars, disposés à-peu-près comme sur les ailes supérieures, et une bande fauve marginale comme dans le mâle, mais plus pâle.

Les deux sexes se ressemblent complétement par le dessous. Celui des supérieures est fauve, avec le bord postérieur cendré, deux ou trois rangées sinueuses de points noirs, et quatre points semblables entre la base de l'aile et la rangée la plus interne.

Le dessous des inférieures est d'un cendré pâle, avec une bande fauve comme en dessus, des points noirs oculaires cerclés de blanchâtre, épars et sans ordre vers la base, disposés régulièrement vers l'extrémité. La frange des ailes inférieures est blanchâtre entrecoupée de noir.

Nous ne connaissons pas la chenille.

Ce Polyommate se trouve çà et là dans quelques parties centrales des États-Unis.

P. EPIXANTHE. Pl. XXXVIII, fig. 4 et 5.

Alis maris *supra fuscis nigro maculatis, posticis striga marginali crenata fulva ; subtus albido - lutescentibus anticis nigro punctatis, posticis punctulatis striga undulata crocea.*

Nous n'avons vu que deux individus de ce lépidoptère. Il ressemble beaucoup en dessus au *Xanthe* d'Europe ; mais ses ailes inférieures sont plus arrondies. Le dessus des quatre ailes est d'un brun noirâtre, avec des points noirs épars. Les supérieures ont le bord de la côte un peu rougeâtre, et les inférieures une petite bande étroite, marginale, fauve, régulièrement crénelée en arrière. La frange des quatre ailes est d'un gris blanchâtre.

Le dessous des ailes est d'un jaune blanchâtre ; celui des supérieures est marqué d'une quinzaine environ, de points noirs disposés comme dans les espèces voisines ; celui des inférieures offre également des points noirs épars, mais ils sont très petits. A la bande crénelée du dessus correspond ici une bande semblable, d'une teinte plus vive.

La femelle doit ressembler au mâle par le dessous, mais elle peut en différer notablement par le dessus.

Ce Polyommate a été découvert, il y a quelques années, aux environs de New-Harmony-Indiana. Il est dans l'Amérique septentrionale le représentant de notre *Xanthe.*

P. TARQUINIUS.

Alis maris *nigris, anticis macula longitudinali, sinuata, difformi, fulvo-lutea, posticis extimo luteo-fulvis serie punctorum nigrorum; alis* feminæ *fulvis, anticis margine crenato punctisque baseos nigris; posticis margine interno fuscis, omnibus subtus cinereo-luteis maculis plurimis ocellatis, rufis, albido cinctis.*

P. Cratægi. Pl. XXXVII, fig. 1, 2, 3, 4 et 5.

Hesperia Tarquinius, Fab., *Ent. Syst.,* III, I, p. 319, n° 207.

Donov., *Ins. of India.*

Erycina id., God., *Enc. méth.,* IX, p. 580, n° 77.

Cette espéce est à-peu-près de la taille de *Virgaureæ,* mais elle s'éloigne par son dessin de toutes les espéces connues. Les ailes sont d'un brun noir ; les supérieures ont sur le milieu une bande longitudinale d'un jaune fauve sinuée, difforme à l'extrémité, marquée vers la base d'une ligne longitudinale noirâtre interrompue ; les inférieures ont le limbe terminal entièrement d'un jaune fauve, avec une série marginale de points noirs.

Les ailes supérieures de la femelle sont d'un jaune fauve, avec une bordure noire crénelée et deux bandelettes longitudinales interrompues de la même couleur, dont l'antérieure plus longue et partagée en trois. Les ailes inférieures ont toute l'extrémité d'un

jaune fauve, marquée de quatre à six points noirs disposés sur deux rangs.

Le dessous des ailes est d'un jaune-roux glacé
d'un peu de blanchâtre, avec des taches plus foncées,
légèrement cernées de blanchâtre, sur les inférieures ;
les supérieures ont tout le disque d'une teinte jaunâtre.

La chenille est d'un vert tendre, avec trois raies
longitudinales blanches situées sur le dos, et une raie
de la même couleur à la base des pattes.

La chrysalide est d'un gris blanc, avec le dos plus
obscur, marqué de petits tubercules saillants qui la
rendent un peu anguleuse. Son extrémité postérieure
est pointue et un peu arquée comme dans beaucoup
de nymphalides.

Il vit, selon Abbot, dans la Géorgie sur plusieurs espèces de *cratægus,* où il est fort rare.

Ce lépidoptère s'éloigne déja notablement des vrais
Polyommatus par son *facies,* par sa chenille, et par la
forme de la chrysalide.

Godart, qui n'a connu cette espèce que par la description de Fabricius, a cru à tort qu'elle devait appartenir au genre *Erycina.*

ÉRYCINIDES.

Chenilles très courtes, pubescentes ou velues. Chrysalide courte, contractée. *Insecte parfait:* presque constamment six pattes dans les femelles ; jamais plus
de quatre pattes dans les mâles ; bord abdominal
des ailes inférieures assez peu saillant ; cellule discoïdale, tantôt ouverte, tantôt fermée, et quelquefois
fermée en apparence par une fausse nervure ; crochets des tarses très petits et à peine saillants.

Cette tribu, propre en grande partie à l'Amérique
du sud, se divise en beaucoup de genres.

GENRE NYMPHIDIA. *Fab.*

Erycina, *Lat.*, *God.*

Chenille . . . . . *Insecte parfait :* tête de la largeur du
corselet ; antennes longues, annelées de blanchâtre,
terminées par une petite massue allongée ; palpes
très courts, droits, nullement ascendants , dépassant à peine les yeux ; corselet grêle, assez allongé ;
abdomen un peu moins long que les ailes inférieures ; les quatre ailes arrondies ; les inférieures n'offrant point de gouttière abdominale proprement
dite ; cellule discoïdale des inférieures ouverte ; six
pattes complètes dans les femelles et quatre dans
les mâles.

Ces insectes sont assez reconnaissables aux raies

métalliques couleur d'acier ou de mine de plomb qui ordinairement sont situées à l'extrémité de leurs ailes, tantôt des deux côtés et tantôt sur une seule face. Leur couleur est généralement le brunâtre ou le fauve, avec des petites taches plus obscures, formant des raies ondulées maculaires.

Toutes les espèces connues dans ce genre habitent l'Amérique du sud, à l'exception de la suivante.

N. PUMILA. Pl. XXXVII, fig. 6 et 7.

Alis supra ferrugineis, subtus fulvis, utrinque strigis nigris punctato-interruptis, lineisque duabus marginalibus plumbeis.

Elle paraît avoir quelque ressemblance avec une espèce brésilienne décrite par Godart sous le nom de *Gynea*. Le dessus des ailes est ferrugineux ou d'un roux ferrugineux, avec des lignes flexueuses, ondulées noirâtres, assez rapprochées, et presque maculaires. Outre ces lignes noires, l'extrémité en offre deux autres couleur de mine de plomb, séparées par une rangée de points noirs, et dont l'interne est fortement sinueuse.

Le dessous est d'un jaune fauve, avec le même dessin qu'en dessus, seulement les lignes transversales sont plus maculaires.

Le dessus du corps est ferrugineux et le dessous d'un jaune fauve.

La femelle n'offre aucune différence notable.

Elle se trouve dans la Géorgie et la Floride.

SUSPENDUS PENDULI.

Chrysalides dépourvues de lien transversal et attachées
seulement par la queue dans une position verticale.

DANAÏDES.

Chenilles glabres, cylindriques, assez allongées, munies de deux, quatre, six, huit ou dix prolongements charnus, longs, flexibles, et presque filiformes, disposés par paire sur divers anneaux.
Chrysalides raccourcies, cylindroïdes, dépourvues
d'angulosités, et ornées de taches dorées très brillantes. *Insecte parfait :* palpes écartés, ne s'élevant
pas au-delà du chaperon; leur second article à peine
une fois plus long que le précédent; massue des
antennes formée insensiblement; ailes larges avec
la cellule discoïdale des inférieures fermée; corselet assez robuste, avec la poitrine ponctuée; abdomen assez allongé; quatre pattes ambulatoires.

Cette tribu renferme un grand nombre d'espèces
propres pour la plupart aux régions intertropicales de
l'ancien continent.

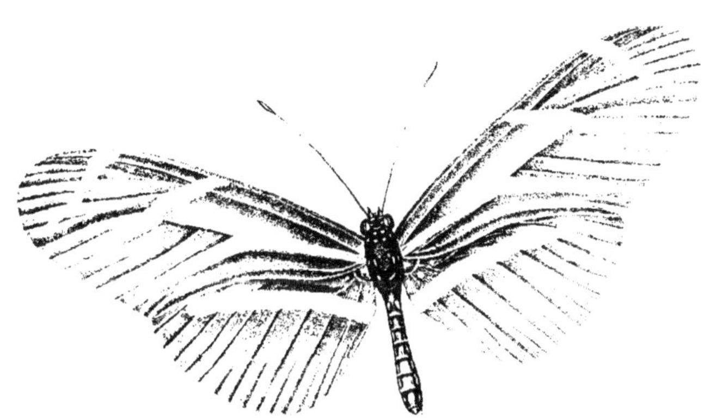

GENRE DANAIS. Boisd.

Da aidi, *Lat., God.; Euploeæ, Fab.*

Téte un peu plus étroite que le corselet ; antennes assez longues, avec la massue formée insensiblement ;
palpes très écartés, avec le dernier article court
aciculaire, et tout droit ; des points blancs sur la
téte, le prothorax, le thorax et la poitrine ; abdomen
assez mince, presque aussi long que les ailes inférieures ; ailes larges, avec les contours un peu si-
nués ; les inférieures ayant chez les mâles, vers l'angle anal, tantôt u ne poche noirâtre, tantôt un tache
très noire divisée par une raie grisâtre en relief, placée sur l'extrémité de la nervure.

La véritable patrie de ce genre est l'Archipel in-
dien, la Chine, la Cochinchine, le Bengale, etc. Il habite aussi l'Afrique, et accidentellement l'Europe aus-
trale.

Toutes les espéces offrent deux rangs de points
marginaux ; les unes ont le fond de leur couleur fauve,
avec la bordure noirâtre ; les autres l'ont noir, avec des
raies longitudinales et des taches éparses, d'un blanc
verdàtre ou bleuâtre, et quelquefois d'un jaune verdàtre.

A l'état de chenilles elles vivent généralement sur
les *nerium, asclepias, cynanchum*, et autres plantes de
la même famille.

D. BERENICE. Pl. XXXIX.

Alis dilute castaneo-fulvis margine exteriori nigro, albo punctato ; anticis utrinque ad apicem albo punctatis ; posticis subtus venis nigris albido marginatis.

Larva albido-violascens transversim flavo fuscoque fasciata, striga laterali longitudinali flava ; tentaculorum tribus paribus subæqualibus.

Papilio Berenice, CRAM., *Pap.,* pl. 205, E. F.
Danais Erippus, GOD., *Enc.,* IX, p. 186, n° 33.
Papilio Erippus, FAB., *Ent. Syst.,* III, I, p. 49, n° 152.
Papilio Gilippus, SMITH-ABBOT, *Hist. of Lepid. of Georg.,* vol. I, pl. VII.
Danais Gilippus, GOD., *loc. cit.,* n° 34.

Godart a commis au sujet de cette espéce une erreur grave en la rapportant, d'après Smith-Abbot, à la *Gilippus* de Cramer, qui est une espéce brésilienne toute différente. Il en a commis une seconde non moins pardonnable, en décrivant cette dernière espéce comme nouvelle, sous le nom de *Plexaure.* Quant à son *Erippus* des Antilles, c'est bien la méme que celle que nous décrivons ici.

Elle est moins grande que l'*Archippus.* Le dessus de ses quatre ailes est d'un brun fauve, souvent plus obscur vers la base, avec une bordure noire s'étendant de la côte des supérieures à l'angle anal des inférieures. Les premières ont de part et d'autre vers l'extrémité un assez

grand nombre de points blancs, dont les postérieurs
un peu plus petits, et formant ordinairement deux
rangées marginales , dont la plus extérieure divise la
bordure. Les secondes ont tantôt la bordure noire
sans aucun point, et tantôt divisée par une ou même
deux rangs de points blancs.

Le dessous des ailes supérieures diffère très peu
du dessus.

Le dessous des inférieures est divisé par des veines
noires dilatées , bordées de blanchâtre. Le disque
offre trois ou quatre points blancs, situés sur le bord
de la cellule discoïdale, et fondus en partie avec le
liséré des nervures. La bordure noire marginale est
divisée par deux rangées de points blancs. Les échancrures de toutes les ailes sont légèrement bordées de
blanc.

Chez quelques femelles les nervures du dessus des
ailes inférieures sont finement lisérées de gris blanchâtre.

La chenille est d'un blanc violâtre , avec des stries
transversales plus foncées, et une bande d'un brun
roux , également transversale , située sur chaque anneau, arrivant jusqu'à la base des pattes , divisée dans
le sens de sa longueur par une bande jaune plus étroite
et de même forme. On voit en outre le long des pattes
une bande longitudinale d'un jaune citron. Les prolongements charnus sont longs, à-peu-près égaux ,
d'un brun pourpré, disposés deux par deux sur les
deuxième, cinquième et onzième anneaux.

La chrysalide est d'un beau vert tendre, avec des points dorés sur la partie antérieure, et un demi-cercle de la même couleur sur la partie dorsale, un peu au-delà du milieu, séparé d'une bande bleue de même forme par un rang de petits points noirs très rapprochés.

Elle se trouve dans la Géorgie, la Caroline, la Floride, la plupart des Antilles, et même au Mexique, sur les *asclepias*, et particulièrement sur l'espéce appelée *amplexicaulis*.

D. ARCHIPPUS. Pl. XL.

*Alis subrepandis, fulvis, venis limboque posteriori albido
punctato nigris; anticis apice nigro maculis fulvis.*

*Larva albida transversim nigro flavoque fasciata; tenta-
culis paribus duobus, postico breviori.*

Papilio id., Fab., *Ent. Syst.*, III, I, p. 49, n° 151.
Smith-Abbot, *Lepid. of Georg.*, vol. I, tab. VI.
Danais id., God., *Enc.*, IX, p. 184, n° 28.
Papilio Plexippus, Cram., 206, E. F.
Papilio Megalippe, Hubn., *Exo'. saml.*

Les quatre ailes sont un peu sinuées, fauves en dessus, avec un reflet assez brillant et des nervures noires
dilatées. Le bord postérieur est pareillement noir, avec
deux rangées de points blancs. Les ailes supérieures
offrent au sommet un grand espace noir, sur lequel
sont placées trois taches fauves oblongues, précédées
intérieurement de huit ou dix taches plus petites, blanches ou d'un blanc jaunâtre, s'étendant jusque sur le
milieu de la côte, qui est elle-même noire.

Le dessous des ailes offre le même dessin que le
dessus, mais les points du bord postérieur sont plus
gros, et tous sont blancs; le fond des inférieures est
d'un jaune-nankin vif avec les nervures très légèrement lisérées de blanchâtre. Les échancrures de toutes les ailes sont bordées de blanc.

Le corps est noir avec des points d'un blanc jaunâtre sur le corselet et sur la poitrine.

Chez certains individus, quelques uns des points qui, en dessus, divisent le limbe postérieur, ont une teinte fauve ou roussâtre.

La chenille est blanche, fasciée transversalement de noir et de jaune. Elle a deux paires de prolongements charnus, noirâtres, dont l'antérieure située sur le second anneau, et de moitié plus longue que l'autre, qui est placée sur le onzième.

La chrysalide est d'un vert tendre, parsemée antérieurement de points dorés, et marquée, sur sa partie dorsale, un peu au-delà du milieu, d'un demi-cercle de la même couleur, bordé inférieurement par une rangée de petits points noirs très rapprochés.

Elle se trouve communément dans toute la partie méridionale des États-Unis, sur les *asclepias*, et en particulier sur l'*asclepias curassavica*. Elle habite aussi les Antilles et plusieurs autres contrées de l'Amérique.

HELICONIDES.

Chenilles cylindriques, épineuses dans toute leur longueur. *Insecte parfait :* palpes courts, écartés, séparés par un intervalle notable, très peu ascendants. Abdomen grêle, très allongé. Ailes oblongues, étroites, allongées; bord abdominal des inférieures, embrassant à peine le dessous de l'abdomen, cellule discoïdale toujours fermée. Crochets des tarses simples.

GENRE HELICONIA. *Fab., Lat., God.*

Insecte parfait : palpes s'élevant un peu au-delà du chaperon; leur second article beaucoup plus long que le premier; antennes presque une fois plus longues que la tête et l'abdomen, presque filiformes, grossissant insensiblement vers l'extrémité; ailes oblongues étroites; abdomen allongé; quatre pattes ambulatoires dans les deux sexes.

Ce genre est entièrement propre au nouveau continent. Les espèces sont nombreuses dans les régions intertropicales. Selon M. Mac-Leay, qui en a élevé plusieurs à Cuba, elles vivraient exclusivement sur les plantes de la famille des passiflorées.

H. CHARITONIA. Pl. XLI.

*Alis oblongis nigris ; anticis fasciis tribus, posticis duabus
flavis ; his subrepandis subtus ad marginem internum
sanguineo quadripunctatis.*

God., *Enc.*, IX, p. 210, n° 22.
Papilio id. Linn., *Syst. Nat.*, 2, p. 757, n° 65.
Fab., *Ent. Syst.*, III, I, p. 170, n° 528.
Cram., pl. 191, F.

Les quatre ailes sont noires, avec des bandes d'un
jaune citron. Les supérieures en ont trois, dont les
deux extérieures transverses et obliques, l'intérieure
allant directement de la base au milieu de la surface,
où elle fait un coude pour gagner le bord postérieur,
au-dessus de l'angle interne.

Les secondes ailes en ont deux transverses, dont
la supérieure plus large, droite et continue, l'inférieure courbe formée par des points ou taches plus
gros du côté du bord abdominal, que du côté du sommet. Le bord postérieur, qui est légèrement sinué,
offre en outre, mais seulement vers l'angle anal, une
suite de six à sept points jaunes très petits, et il y a
près de la base un ou deux points d'un rouge carmin.

Le dessous des quatre ailes ressemble au dessus,
sauf que les bandes jaunes y sont plus pâles ; que les
supérieures ont la côte rougeâtre à son origine ; que
les postérieures ont quatre points d'un rouge sanguin,

disposés deux par deux près du bord abdominal, et séparés entre eux par la bande supérieure; enfin, que les points marginaux de ces dernières ailes sont blanchâtres et s'étendent jusqu'au sommet.

Le corps est noir avec des points jaunes sur la tête et le corselet, et des lignes de cette couleur sur les côtés de la poitrine et de l'abdomen.

Nous ne coñnaissons pas encore la chenille.

Elle se trouve, mais assez rarement, en Géorgie et en Floride, tandis qu'elle est commune dans les Antilles et au Mexique.

NYMPHALIDES.

Chenilles cylindriques et épineuses sur toute leur longueur, ou atténuées à l'extrémité postérieure et seulement épineuses sur la tête. Chrysalides de formes variables. *Insecte parfait :* Palpes rapprochés, très ascendants, fortement écailleux; la face antérieure de leurs deux premiers articles presque aussi large que leurs côtés, ou même plus large; bord abdominal des ailes inférieures formant une gouttière très prononcée pour recevoir l'abdomen; cellule discoïdale presque toujours ouverte; quatre pattes ambulatoires; crochets des tarses fortement bifides.

GENRE AGRAULIS.

Argynnis et Cethosia, *Lat. , God.*

Chenilles allongées cylindriques, garnies, dans toute leur longueur, d'épines égales, rameuses, dont deux sur la tête; chrysalides anguleuses, allongées, offrant un étranglement très prononcé entre le thorax et l'abdomen, et une gibbosité sur la poitrine, formée par l'enveloppe des ailes. *Insecte parfait :* Tête grosse, au moins aussi large que le corselet; antennes assez longues, terminées par une massue aplatie, plus allongée et moins arrondie que dans les *Argynnis;* palpes ascendants, un peu divergents au sommet, garnis de poils écailleux très serrés, le premier article très court, obtus; abdomen plus court que les ailes inférieures; la cellule discoïdale de ces dernières toujours ouverte; ailes supérieures allongées, avec le bord postérieur sinué; les inférieures denticulées.

Ce genre semble lier les *Argynnis* avec les *Acræa* et les *Heliconia* : il ne comprend que des espèces américaines, qui, comme les *Heliconia*, sont peut-être propres, en grande partie, à la famille des *Passiflorées*.

A. VANILLÆ. Pl. XLII.

Alis sinuato-dentatis, fulvis, nigro maculatis; anticis supra ad costam ocellatis; posticis subtus infuscatis maculis argenteis inæqualibus nitidissimis.

Larva nigro-spinosa, fulva vittis quatuor nigris.

Argynnis id., God., *Enc.*, IX, p. 262, n° 19.
Papilio id., Linn., *Syst. Nat.*, II, p. 787, n° 216.
Cram., pl. CCXII, A. B.
Stoll., suppl., pl. I, fig. 7.
Sulz.., *Gesch.*, tab. XVIII, fig. 4-5.
Clerk, *Icon.*, tab. XL, fig. 2.
Papilio passifloræ, Fab., *Ent. Syst.*, III, I, p. 60, n° 189.

Ce magnifique lépidoptère est d'un fauve très vif

dans le mâle, un peu plus terne dans la femelle.
Les ailes supérieures sont allongées, et ont le bord
postérieur un peu concave, divisé, au sommet, par
des veines, et plus bas par des points; leur disque
est parsemé de points de la même couleur, dont deux
ou trois de ceux situés dans la cellule discoïdale ont
le centre pupillé de blanc. Chez quelques individus cependant, ils sont entièrement dépourvus de pupilles.

Les ailes inférieures ont l'extrémité bordée par une
bande noire, crénelée extérieurement, et divisée par
une rangée de gros points de la couleur du fond. Il y a
en outre, entre le milieu et le bord externe, trois ou
quatre petites taches noires éparses. Le dessous des
supérieures diffère du dessus en ce que le sommet est couleur feuille-morte mêlée de jaune, avec
six ou sept taches argentées, enfin en ce que les taches
costales sont pupillées d'argent.

Le dessous des ailes inférieures est couleur feuille-
morte lavée de jaunâtre, avec environ vingt-deux
taches d'argent très brillantes, allongées, dont les
marginales beaucoup plus petites; l'origine de la
côte est aussi argentée. Parmi les taches du milieu, il
y en a une qui est fortement échancrée ou même
presque séparée en deux.

Le corps est fauve en dessus, jaunâtre en dessous,
avec des points blancs sur la tête et des lignes argentées sur la poitrine.

La chenille est cylindrique, allongée, d'un jaune
fauve, avec quatre bandes longitudinales noirâtres.

dont les deux dorsales moins bien marquées, et quelquefois presque entièrement effacées : elle est, en outre, garnie de six rangées d'épines noirâtres rameuses, dont deux sont situées sur le sommet de la tête, et un peu arquées. Cette dernière est divisée en deux par une petite raie blanchâtre, liserée de noir ; les pattes sont noires. Dans quelques individus, les bandes noires sont ponctuées de blanchâtre.

La chrysalide est d'un brun roussâtre, avec quelques petites éclaircies plus pâles.

Elle se trouve communément dans la Géorgie, la Virginie, la Caroline, sur les *passiflora*, particulièrement sur la *passiflora cærulea :* elle habite aussi les Antilles et presque toute l'Amérique du sud.

GENRE ARGYNNIS.

Chenilles cylindriques allongées, garnies d'épines plus ou moins longues , dont deux plus développées sur le premier anneau, et s'avançant souvent en forme d'antennes. Chrysalides anguleuses, ornées de taches d'or ou d'argent, et garnies de deux rangées de pointes dorsales. *Insecte parfait* : Tête grosse, au moins aussi large que le corselet ; antennes assez longues , terminées brusquement par une massue aplatie et comme creusée en cuiller ; palpes très velus , hérissés , un peu écartés; le premier article grêle , nu à son extrémité, et en pointe d'aiguille; abdomen plus court que les ailes inférieures ; ailes sinuées ou denticulées.

Le fond de la couleur des *Argynnis* est le jaune fauve, ordinairement avec des points noirs formant des lignes sinueuses transverses , et quelquefois avec une bordure noirâtre plus ou moins large; le dessous de leurs ailes offre le plus souvent des taches nacrées, ou des nuances d'un violet ou d'un ferrugineux nacré.

En Europe, les chenilles de ce genre vivent sur les *Viola*.

A. IDALIA. Pl. XLIII.

*Alis denticulatis, anticis utrinque fulvis, nigro macu-
latis; posticis supra cærulescenti-nigris punctorum serie
duplici, subtus fuscis costa baseos maculisque permultis albissimis.*

God., *Encyclop.* IX, p. 263, n° 20.
Papilio id., Fab., *Ent. Syst.* III, I, p. 145, n° 446.
Cram., pl. XLIV, D. E. F. G.
Drury, *Ins.*, I, tab. XIII, fig. 1, 2, 3.

Le dessus des ailes supérieures est fauve, avec une
quinzaine de taches noires, dont les antérieures linéaires, situées dans la cellule discoïdale, les suivantes formant, sur le milieu, une bande transverse
et en zig-zag, les autres rondes, plus petites et disposées en une ligne parallèle au bord postérieur; ce
bord est couvert par une bande noire assez large,
dentée en dedans, divisée dans le mâle par une
suite de lunules fauves, et dans la femelle par une
rangée de points blancs. Cette dernière a encore quelques points blancs semblables, vis-à-vis du sommet où
la bordure se dilate sensiblement.

Le dessus des ailes inférieures est d'un noir bleuâtre,
avec la base roussâtre, traversé, en arrière de la cellule discoïdale, par deux rangées de gros points
blancs, dont les extérieurs sont fauves dans le mâle.

Le dessous des ailes supérieures ressemble au dessus, excepté que la bande terminale est moins foncée, et que les taches qui la divisent sont d'un blanc nacré.

Le dessous des inférieures est d'une couleur feuille-morte, avec environ vingt-deux taches d'un blanc nacré, dont les sept marginales en forme de lunules; celles du disque, en forme de coin, partagées ou lise-rées par un trait noir; les autres sont de différentes formes : l'origine de la côte et le bord interne sont aussi d'un blanc nacré; les échancrures sont liserées de blanc.

Le corps est noirâtre, avec des poils fauves sur le thorax.

Elle se trouve aux environs de New-York et de Philadelphie : elle habite aussi la Jamaïque.

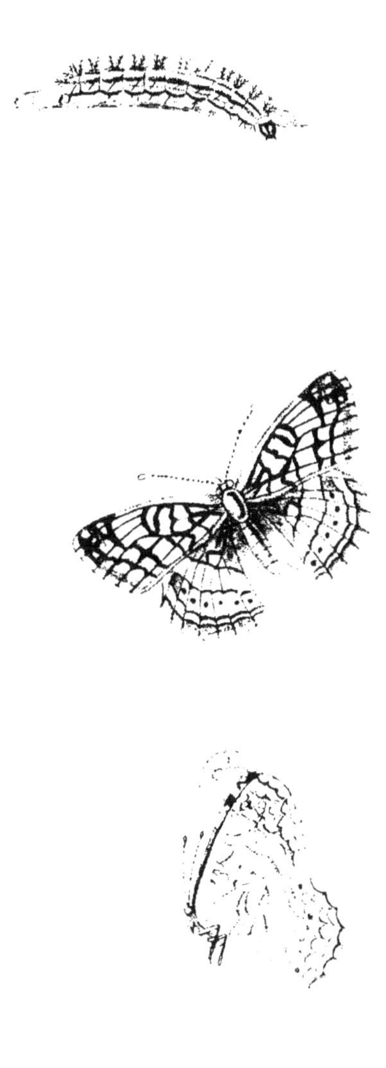

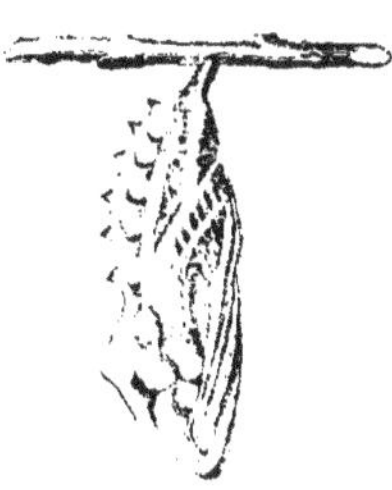

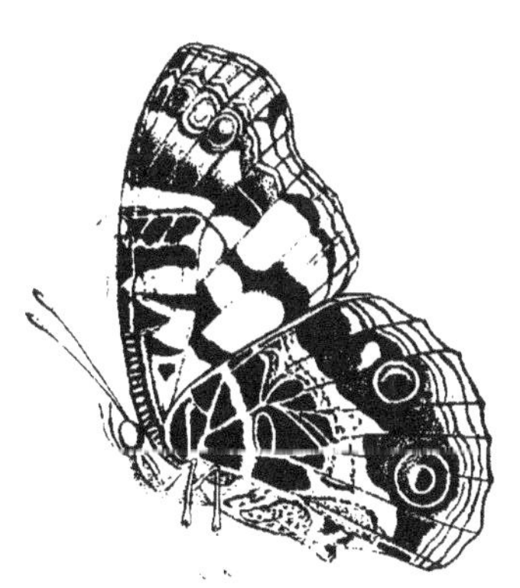

A. DIANA.

Alis subrotundatis, subdentatis nigro-fuscis extimo late fulvo supraque ordinatim nigro punctato ; posticis subtus lunulis septem marginalibus argenteis.

God., *Enc.*, IX, p. 257, n° 1.
Papilio id., Cram., pl. XCVIII, D. E.
Fab., *Ent. Syst.*, III, I, p. 145, n° 447.

Elle est à-peu-près de la taille de la *Cybele*. Ses quatre ailes sont légèrement dentées, d'un noir brun depuis la base jusqu'au-delà du milieu, ensuite fauves jusqu'au bout. Cette dernière couleur forme une large bande crénelée sur le côté interne, offrant sur les supérieures deux rangées transverses de points noirs, et sur les inférieures une seule rangée.

Le dessous des supérieures diffère du dessus, en ce que les points noirs ne reparaissent pas, en ce que la partie noirâtre est marquée de deux taches nacrées, précédées intérieurement de trois traits fauves, et extérieurement de trois petites taches jaunâtres.

Le dessous des secondes ailes est beaucoup plus pâle que le dessus, avec neuf taches nacrées, dont deux triangulaires, situées entre la base et le milieu du bord externe ; les sept autres, en forme de croissants, alignées le long du bord postérieur, sur lequel on ne voit aucun des points noirs de la surface opposée.

Nous n'avons jamais vu cette espèce, et nous la croyons rare : notre description, comme celle de Godart et probablement de Fabricius, est faite sur la figure de Cramer. Selon ce dernier auteur, elle se trouve en Virginie.

A. CYBELE. Pl. XLV, fig. 3 et 4.

Alis subrotundatis, denticulatis, fulvis nigroque macula-tis, basi feminæ *late fusca; posticis subtus brunneis ad extimum pallidioribus maculis argenteis permultis.*

God., *Enc.*, IX, p. 263, n° 21.
Papilio id. Fab., *Ent. Syst.*, III, I, p. 145, n° 445.
Papilio Daphnis, Cram., pl. LVII, E. F.
Papilio Aphrodite, Fab., *Ent. Syst.*, III, I, p. 144, n° 443.

Il nous paraît hors de doute que le *Papilio Aphro-dite* de Fabricius est le même que son *Cybele;* seule-ment nous croyons qu'il aura décrit le mâle sur la nature sous le nom d'*Aphrodite,* et la femelle sous celui de *Cybele* d'après la figure de Cramer.

Elle a le port de l'*Aglaia* d'Europe, mais elle est un tiers plus grande. Le dessus de ses ailes est obscur depuis la base jusque vers le milieu, plus foncé chez la femelle; ensuite d'un fauve jaunâtre avec trois ran-gées transverses de taches noires dont les intérieures forment une raie en zigzag; les intermédiaires rondes, les extérieures lunulées; le bord postérieur précédé d'une ligne noire continue entrecoupée par des ner-vures de sa couleur : il y a en outre, dans la cellule discoïdale, quelques chiffres comme dans les espèces analogues.

Le dessous des ailes offre le même dessin que le

dessus, mais la base est fauve, et il y a, vis-à-vis du sommet, quelques taches argentées dont quatre ou cinq sont placées sur les lunules noires.

Le dessous des secondes ailes est d'un brun ferrugineux, avec l'origine de la base et environ vingt-quatre taches nacrées ; les taches de la base sont petites et en forme de points ; celles du milieu plus grandes ; celles du bout triangulaires et séparées des précédentes par une bande jaunâtre fondue avec la partie ferrugineuse.

Le corps est d'un brun-tabac d'Espagne. Les antennes sont noirâtres avec la massue noire marquée de fauve à son sommet.

Nous ne connaissons pas la chenille.

Cette belle espèce se trouve assez communément dans plusieurs parties des États-Unis ; mais elle disparaît complétement dans les provinces méridionales. Quelques auteurs disent qu'elle habite aussi la Jamaïque.

A. COLUMBINA. Pl. XLIV.

*Alis subdentatis fulvis, nigro maculatis; posticis subtus
fasciis duabus albido-grisescentibus, transversis, altera media, altera marginali, et inter has fascias striga
ocellorum fuscorum pupilla cinerea.*

*Larva rubricans spinosa, vittis quatuor serieque dorsali
macularum albis.*

God., *Enc.*, IX, p. 260, n° 12.
Papilio id., Fab., *Ent. Syst.*, III, I, p. 148, n° 453.
Papilio Hegesia, Cram., pl. CCIX, E. F.
Papilio Claudia, Cram., pl. LXIX, E. F.

Le dessus des ailes est d'un fauve assez vif dans le
mâle, plus pâle dans la femelle, avec une rangée
transverse et postérieure de points noirs ; le bord extérieur est en outre noir et divisé par une rangée de
lunules de la couleur du fond : les quatre ailes sont
traversées par deux lignes noires en zigzag, dont l'interne plus prononcée et plus anguleuse ; les premières
ont encore deux taches annulaires noires situées dans
la cellule discoïdale.

Le dessous des supérieures ressemble au dessus,
mais le bord postérieur est fauve, la seconde ligne en
zigzag est nulle ou presque nulle, et le sommet offre un
espace grisâtre triangulaire plus ou moins prononcé.

Le dessous des secondes ailes est d'un fauve roussâtre, teinté de brunâtre, avec deux bandes blanchâtres

transverses, dont l'antérieure discoïdale s'étendant un peu sur les nervures ; l'autre terminale, étroite, dentée intérieurement, séparée de la première par une rangée de points noirâtres pupillés de grisâtre.

Le corps participe de la couleur des ailes.

Cette espèce varie beaucoup selon les localités : il est des individus d'un fauve très vif en dessus, chez lesquels la seconde raie en zigzag est effacée ; il en est d'autres où la première n'existe que sur les ailes supérieures. Enfin nous en avons vu qui offraient à peine l'empreinte des bandes blanchâtres transverses sur la face inférieure des secondes ailes.

La chenille est épineuse, d'un fauve rougeâtre, avec deux bandes latérales et une série de taches dorsales blanches. Le ventre est blanchâtre, avec la tête et les pattes noires ; les épines sont aussi d'une couleur noirâtre, et deux de celles situées sur le premier anneau sont beaucoup plus longues et dirigées en avant comme des antennes.

La Chrysalide est blanche, médiocrement anguleuse, parsemée de points et de quelques traits noirs ; ses pointes dorsales sont jaunes.

Elle se trouve communément dans tout le sud des États-Unis, sur plusieurs espèces de plantes basses. Elle habite aussi les Antilles, le Mexique et la Guyane.

A. MYRINA. Pl. XLV, fig. 1 et 2.

*Alis subrotundatis, fulvis subdenticulatis, nigro macula-
tis posticis subtus ferrugineis flavo variegatis, maculis
permultis argenteis, ad basinque puncto striga submarginali punctorum nigris.*

Argynnis Myrissa. God., *Enc.*, IX, p. 268, n° 27.
Papilio Myrina, Cram., 189, B. C.
Fab., *Ent. Syst.*, III, I, p. 145, n° 144.

Elle a tout-à-fait le port et le *facies* de l'*Argynnis Se-
lene* d'Europe. Le dessus de ses ailes est fauve avec
des taches noires, les unes irrégulières, placées confusément vers la base, les autres en forme de points
et disposées en une ligne parallèle au bord postérieur.
qui est occupé par une bande également noire, divisée par un cordon de lunules fauves.

Le dessous des ailes supérieures offre le même dessin que le dessus, mais le fond est un peu moins vif.
excepté au sommet où il est un peu ferrugineux et
marqué de deux ou trois taches nacrées. Le bord postérieur offre aussi une rangée marginale de lunules
triangulaires argentées.

Le dessous des ailes inférieures est d'un rouge ferrugineux, avec deux ou trois espaces jaunes, et environ vingt-quatre taches argentées, les unes irrégulières et inégales vers la base, les autres disposées en
deux séries transversales, dont l'une forme des lu-

nules marginales; ces deux rangées sont en outre séparées l'une de l'autre par une série de points d'un
brun noirâtre. Il existe aussi, vers la base de l'aile,
un point noir cerclé d'argent.

Le corps est d'un faux noirâtre en dessus, d'un
gris jaunâtre en dessous. Les antennes sont noires et
annelées de blanc avec l'extrémité de la massue fauve.

La femelle est d'une teinte un peu moins vive que
le mâle.

Cette espèce se trouve assez communément dans
plusieurs parties des États-Unis; elle habite aussi
quelques unes des Antilles.

Nous ne connaissons pas la chenille, mais nous
sommes convaincu d'après sa grande affinité avec les
espèces européennes, qu'elle se nourrit de quelque
viola propre à l'Amérique septentrionale.

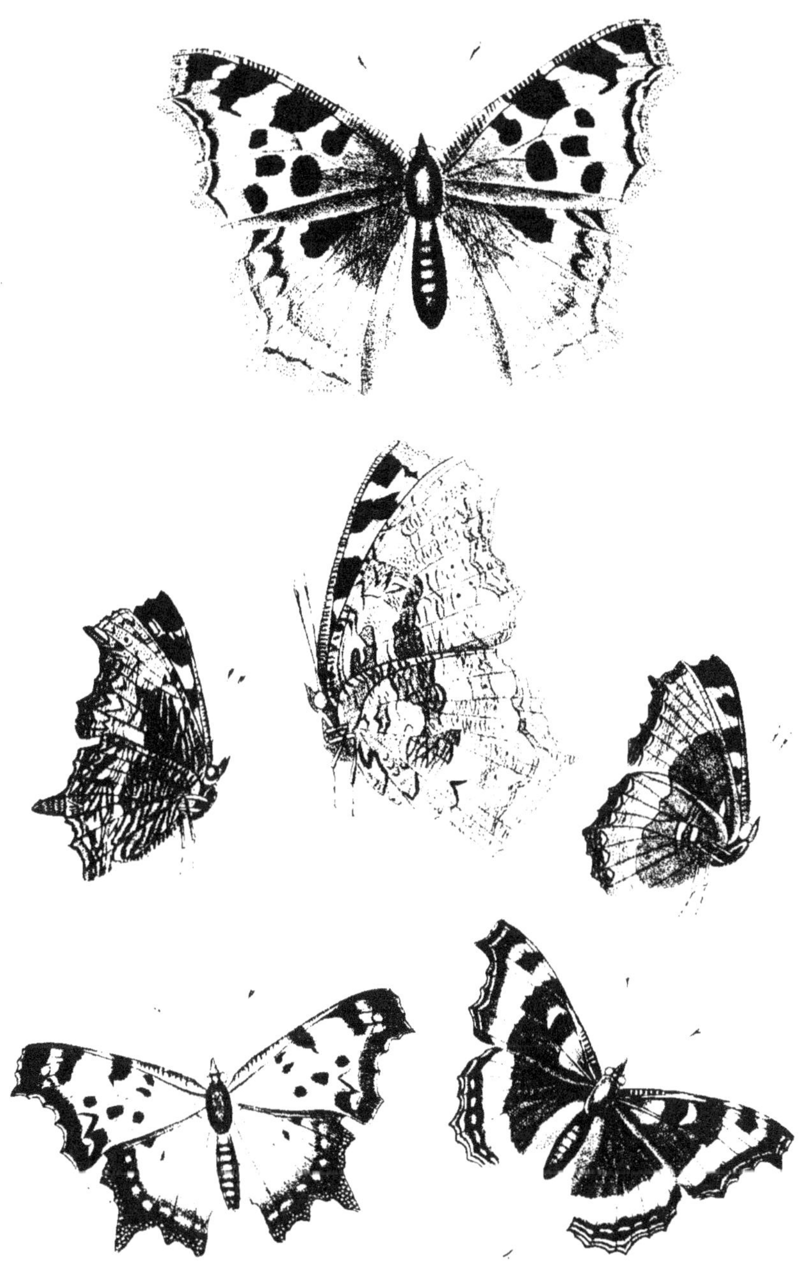

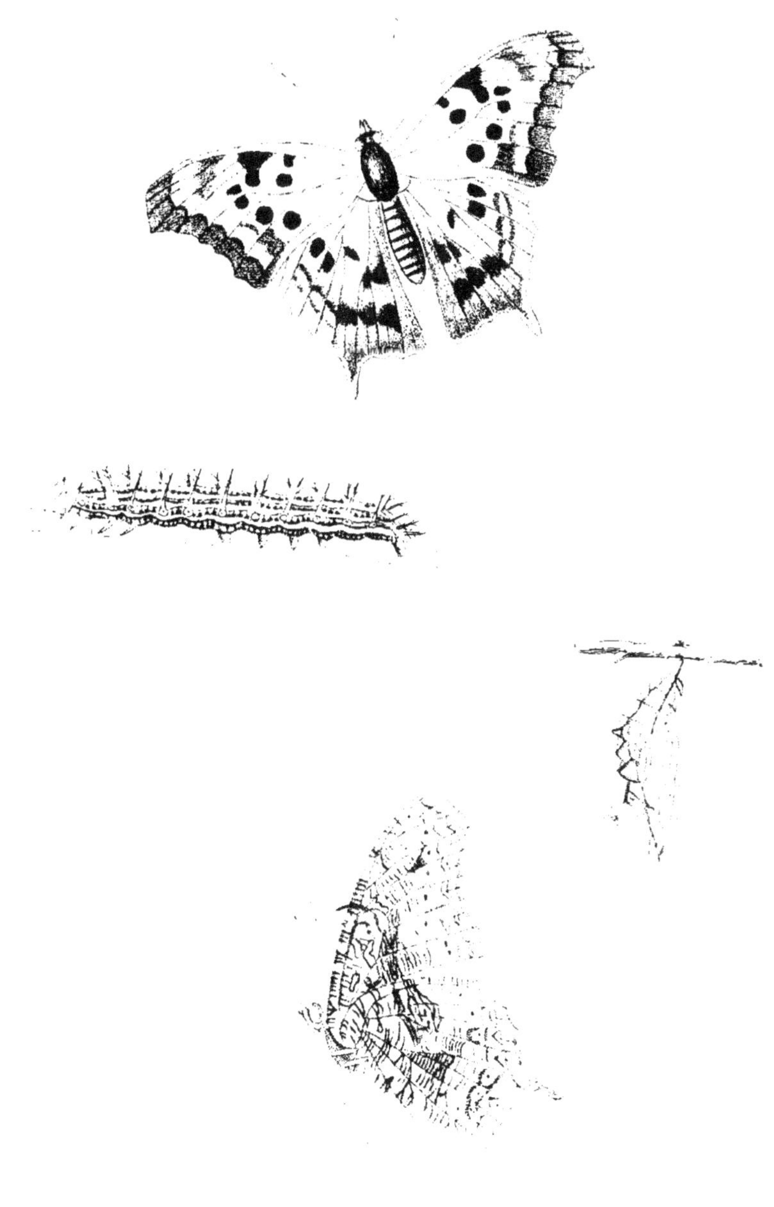

A. OSSIANUS.

Alis subdenticulatis, fulvis nigro maculatis; posticis subtus fasciis duabus, lunulis terminalibus, serieque ocellorum argenteis.

Boisd., *Icon. Hist* , pl. XIX, fig. 1, 2 et 3.
Papilio id.? Herbst., *Pap.*, tab. CDLXX, fig. 4-5.
Papilio trichlaris, Hubn., *Exot. Saml.*

Elle est très voisine de l'*Aphirape* d'Europe ; cependant elle paraît constituer une espèce particulière.

Elle est plus petite : le dessus de ses ailes est d'un fauve un peu jaunâtre ; mais le dessin n'offre aucune différence remarquable.

Le dessous des ailes supérieures est d'un fauve plus roux ; le sommet est, en outre, lavé de ferrugineux ; les lunules de l'extrémité sont à peine indiquées.

Le dessous des inférieures est d'un roux plus ferrugineux que dans *Aphirape*. Le dessin est à-peu-près le même ; mais toutes les taches d'un blanc jaunâtre sont ici d'une couleur nacrée, excepté la raie transverse qui précède les taches ocellées. Les lunules marginales sont plus petites, moins triangulaires, bordées par un arc brun.

La femelle est beaucoup moins sombre que celle d'*Aphirape* : elle se rapproche un peu, pour la teinte, de celle d'*Euphrosine*. En dessous, les taches nacrées sont plus ternes et plus petites que dans le mâle, et les points noirs transverses des ailes supérieures sont presque tous pupillés.

Le reste est comme dans *Aphirape*.

Elle se trouve au Labrador : elle habite aussi les régions polaires de l'Europe.

A. POLARIS.

Alis fulvis basi obscuriori maculisque nigris; posticis subtus fusco-ferrugineis, maculis basilaribus, fasciis duabus transversis, lunulisque marginalibus niveis.

Boisd., *Icon. Hist.*, pl. XX, fig. 1 et 2.
Ind. meth., p. 16.

Elle est de la taille de *Myrina*, et elle a le port de la *Frigga* d'Europe. Ses supérieures sont du même ton et offrent à-peu-près le même dessin ; mais la base est moins obscure, et les points qui précèdent le bord terminal sont plus petits.

Le dessous des ailes supérieures est fauve, et le dessin noir est moins marqué que dans les autres espèces. Le bord terminal est entrecoupé de petits traits blancs.

Le dessous des ailes inférieures est d'un brun ferrugineux. La base est marquée de quatre petites taches blanches. Vers le milieu on observe une bande transverse irrégulière, blanche, légèrement saupoudrée de brun, et divisée par les nervures, qui sont rousses. Au-delà de cette bande, est une autre bande blanche presque maculaire, dont chaque tache, appuyée en dehors sur une éclaircie un peu jaunâtre, est marquée d'un point d'un brun noir, correspondant à ceux de la surface opposée. Le bord terminal est divisé par de petits traits blancs, renflés à leur extrémité antérieure. Toute la côte de ces mêmes ailes est bordée de blanc.

La frange est entrecoupée de noir et de blanc, et la partie blanche forme en dessous, avec les petits traits blancs marginaux, des espèces de T.

Le corps et les antennes sont à-peu-près comme dans les espèces voisines.

La femelle diffère peu du mâle, seulement les taches et bandes blanches des ailes inférieures sont un peu plus pures.

Elle se trouve au Labrador, au Cap Nord, et dans la Laponie la plus septentrionale : elle est jusqu'à présent très rare dans les collections.

A. CHARICLEA.

*Alis denticulatis fulvis, basi maculisque nigricantibus;
posticis subtus ferrugineo-purpureis maculis basilaribus, fascia, lunulisque marginalibus albo-margari-
taceis.*

Boisd. , *Ind. meth.*, p. 16.
God. , *Ecn.* IX, p. 273, n° 38.
Papilio id. , Ochs. , *Schm. von Europ.* , V , p. 114 ,
n° 12.
Schneid. , *Entom. Magaz.* , I. B. V.; Heft. , S. 588.
Herbst. , *Schm.* , tab. CCLXXII , fig. 5 et 6 , X. B. ,
S. 125.
    Variété. *Argynnis Boisduvalii* , Sommer.
Boisd. , *Icon. Hist.* , pl. XX , fig. 5-6 , p. 98.
God.-Duponchel , suppl. aux *Diurnes* , pl. XX , fig. 4.

Ayant reçu depuis la publication de l'*A. Boisduvalii*, dans notre *Icones*, la véritable *Chariclea*, par la
bonté de M. Gyllenhal, qui l'avait obtenue, dans le
temps, du sénateur Schneider de Stralsund lui-même,
nous sommes convaincu aujourd'hui, après une com-
paraison minutieuse, que la *Boisduvalii* peut à peine
être considérée comme une légère variété de cette
espèce.

Elle est à-peu-près de la taille de *Myrina*. Ses ailes
sont fauves en dessus, à-peu-près comme dans *Dia* et
Amathusia, traversées de même par des lignes noires

en zigzag, et par une rangée de points de la même couleur, située avant les lunules marginales.

Le dessous des ailes supérieures est fauve, avec l'extrémité apicale jaunâtre, et une rangée terminale de petits traits d'un blanc jaunâtre qui d'un bout entrecoupent la frange, et se terminent de l'autre par une petite tache noirâtre en fer de flèche.

Le dessous des inférieures est d'un brun pourpre, plus foncé vers la base, qui est marquée de trois petites taches nacrées ; un peu avant le milieu, est une autre bande d'un blanc nacré, sinueuse, bordée de brun noir, et très souvent saupoudrée de ferrugineux dans une grande partie de son étendue, sur-tout dans les mâles ; entre les taches de la base et cette bande on aperçoit encore un point argenté, isolé, ordinairement pupillé de brun. La moitié postérieure de ces mêmes ailes est d'un ton plus clair, avec quelques nuances blanchâtres, particulièrement dans le voisinage de la bande transverse. On y observe une rangée de points d'un brun pourpre, correspondant aux points noirs du dessus, et tout-à-fait à l'extrémité une série terminale de lunules triangulaires d'un blanc nacré, ayant la pointe brune. Très souvent, dans les mâles, toutes ces lunules sont fortement saupoudrées de brun, et elles ne sont indiquées que par un petit trait blanc, presque semblable à ceux des ailes supérieures.

Le corps, la tête et les antennes sont comme dans les espèces congénères.

La femelle est un peu plus grande que le mâle, quelquefois un peu plus sombre en dessus, et quelquefois absolument du même ton. En dessous les taches nacrées formant la bande transverse et les lunules marginales sont plus brillantes et plus rarement saupoudrées de brun ferrugineux.

Quelques individus ont, en dessus, un reflet violâtre comme certaines variétés de *Pales*.

Elle se trouve au Labrador, au Kamtschatka, au Cap Nord, et dans la Laponie la plus septentrionale.

Ochsenheimer dit dans son ouvrage qu'il a obtenu cette espèce de M. Schneider de Stralsund : Godart a cru, d'après cela, qu'elle se trouvait dans cette localité ; mais s'il eût lu entièrement la description d'Ochsenheimer, il aurait vu que le sénateur Schneider l'avait reçue de Thunberg, comme venant de Laponie sous le nom de *Pales*, variété.

A. BELLONA. Pl. 45, fig. 5 et 6.

*Alis subdenticulatis fulvis, nigro maculatis; posticis sub-
tus ad basin rufescenti-flavidis macula costali bifida,
ad extimum purpurascenti-cupreis ocellorum serie transversa.*

GOD, *Encyclop.*, IX, p. 271, n° 33.
Papilio id.? FAB., *Ent. Syst.*, III, I, p. 148, n° 454.

Elle a tout-à-fait le port et la taille de la *Myrina*,
mais ses ailes supérieures sont un peu plus sinuées.
Ses quatre ailes sont fauves, avec un grand nombre de
taches noires, les unes placées confusément vers la
base sur un fond plus obscur, les autres formant deux
rangées parallèles au bord postérieur, lequel est quelquefois un peu entrecoupé de noir.

Le dessous des supérieures est fauve et tacheté,
comme en dessus, avec le sommet lavé de brun et de
jaune pâle, et marqué d'une petite ligne transverse
d'un blanc violâtre.

Le dessous des inférieures a environ la moitié antérieure d'un jaune roussâtre, avec des ondes et des
atomes ferrugineux, et en outre une tache d'un blanc
violâtre bifide, placée vers l'origine de la côte, renfer-
mant, dans sa scissure, une tache orbiculaire d'un
jaune roux. L'autre moitié est violâtre ou d'un pourpre
cuivreux, avec une rangée transverse de six à sept
points bruns pupillés de gris blanchâtre ou jaunâtre,

suivie, sur le bord terminal, de lunules obscures plus ou moins prononcées et formant presque une raie marginale continue.

Le corps et les antennes sont comme dans les espèces analogues.

Elle se trouve dans plusieurs contrées tempérées des États-Unis. Nous en avons vu aussi des individus venant de l'île de Cuba.

GENRE MELITÆA.

Chenilles garnies d'épines courtes plutôt velues que rameuses , d'égale longueur. Chrysalides peu anguleuses, munies sur le dos de boutons peu saillants. *Insecte parfait :* tète plus étroite que le corselet ; antennes assez longues, terminées brusquement par une massue aplatie en forme de cuiller ; palpes très velus, plus éloignés à leur extrémité qu'à leur base ; le dernier article pointu, le plus souvent velu jusqu'à l'extrémité ; abdomen presque de la longueur des ailes inférieures ; cellule discoïdale des inférieures toujours ouverte ; les quatre ailes denticulées.

La couleur des *Melitæa* est le noirâtre et le fauve, disposés de manière que les ailes présentent sur une partie de leur surface de petites taches en échiquier, qui ont fait donner à ces papillons le nom vulgaire de *Damiers*. Le dessous de leurs ailes inférieures offre aussi des espéces de taches en damier ; mais il est constamment dépourvu de nacre ou de nuances violâtres margaritacées.

En Europe leurs chenilles vivent sur les plantes basses.

Les espéces connues dans ce genre habitent l'Europe, l'Amérique et l'île de Taïti.

M. PHAETON. Pl. XLVII, fig. 1 et 2.

Alis subdenticulatis nigris, singularum extimo, pagina omni subtus fulvo flavoque maculatis.

Papilio id., CRAM., pl. CXCIII, C. D.
DRURY, *Ins.*, I, tab. XXI, fig. 3, 4.
FAB., *Ent. Syst.*, III, I, p. 46, n° 140.
Argynnis Phaetontea. GOD., *Enc.*, IX, p. 288, n° 58.

Elle a le port de la *Maturna* d'Europe ; mais elle est un peu plus grande. Ses ailes sont d'un noir obscur, avec une série marginale de taches fauves plus ou moins triangulaires, précédée de deux rangées transverses de points jaunes. Les supérieures ont en outre dans la cellule discoïdale deux taches fauves, suivies extérieurement de quelques points jaunes.

Le dessous diffère du dessus, en ce que la base de chaque aile est marquée de taches fauves entremêlées de points jaunes.

Le corps est noir, avec les palpes et les pattes fauves. L'abdomen est taché de fauve en dessous, et ponctué de jaune sur les côtés. Les antennes sont noirâtres, avec la massue un peu ferrugineuse.

Nous ne connaissons pas la chenille.

Cette belle espèce est rare, et ne se trouve que dans quelques localités , particulièrement dans l'état de New-York.

M. ISMERIA. Pl. XLVI.

Alis subdenticulatis, supra nigro fulvoque variis, anticis apice albo punctatis ; posticis subtus fasciis albis fulvisque , serieque punctorum nigrorum.

Larva spinosa flava , spinis, vittis tribus, capite pedibusque veris nigris.

Elle a le port et la taille de la *Cinxia* d'Europe. Le dessus de ses ailes est d'un fauve jaunâtre, avec un grand nombre de taches noires ; les unes placées confusément vers la base, et formant des raies en zigzag, les autres formant deux raies transverses sinuées sur les supérieures et une seule sur les inférieures où elle est suivie d'une rangée de points de sa couleur. Le bord postérieur des quatre ailes est noir, divisé aux premières par des taches fauves, et aux secondes par un cordon de lunules d'un blanc jaunâtre. Outre cela, le sommet des supérieures est marqué de quatre ou cinq points blancs.

Le dessous des supérieures diffère du dessus en ce que, avant le bord postérieur, il y a une bande blanche maculaire, précédée de trois ou quatre taches de sa couleur.

Le dessous des ailes inférieures est fauve, avec des taches blanches vers la base, puis une bande médiane irrégulière, transverse, et enfin des lunules marginales de la même couleur ; celles-ci sont séparées de la bande transverse par une série de points noirâtres correspondant à ceux du dessus. La frange de toutes les ailes est noirâtre entrecoupée de blanc.

Le corps et les antennes sont comme dans les espèces voisines.

La chenille est jaune, avec les épines et trois raies longitudinales noirâtres. La tête est noire, ainsi que les pattes écailleuses et le ventre; les autres pattes sont jaunes.

La chrysalide est d'un gris cendré, avec quelques éclaircies plus pâles, et les petits tubercules dorsaux presque blancs.

Cette *Melitæa* se trouve dans la Caroline et la Géorgie. Elle est très rare dans les collections.

M. THAROS. Pl. XLVII, fig. 3, 4 et 5.

*Alis subrotundatis, fulvis lineis plurimis transversis lim-
boque communi nigris; posticis utrinque ad extimum
striga punctorum nigrorum.*

Papilio id., Cram., pl. CLXIX, E. F.
Papilio id., Drury, *Ins.*, I, pl. XXI, fig. 5, 6.
Argynnis Tharossa, God., *Enc.*, IX, p. 289, n° 61.
Le Damier deuxième espéce, Ernst, *Pap. d'Europe*,
pl. XVIII, fig. 30, a. b.

Le dessous des quatre ailes est fauve, avec des
lignes noires très ondulées, plus ou moins fines, souvent confondues en partie et comme entrelacées. Le
bord postérieur est largement noir, un peu sinué intérieurement, marqué sur les ailes supérieures d'une
tache d'un jaune fauve, et divisé sur les inférieures
par une ligne sinuée régulièrement, d'un gris blanchâtre, précédée d'une rangée de points oculaires noirs.
Outre cela, la côte des supérieures est noire, et envoie
sur l'extrémité de la cellule discoïdale une liture noire
qui se perd avec les lignes sinuées.

Le dessous des ailes supérieures est fauve, avec des
lignes ondulées ferrugineuses, très fines et très peu
marquées; la bordure est plus brune, plus fondue avec
le fauve, et marquée d'une tache jaune plus grande
qu'en dessus.

Le dessous des inférieures est d'un jaune d'ocre, avec

grand nombre de lignes ondulées d'un brun ferrugineux, une bordure brune n'atteignant ni l'angle anal ni l'angle externe, marquée d'une tache jaune lunulée. Cette bordure est précédée d'une rangée de petits points bruns correspondant à ceux du dessus.

Le corps est noirâtre en dessus, et d'un jaune blanchâtre en dessous.

Nous possédons des individus, que nous considérons comme des variétés, dont les ailes supérieures sont noires, avec quelques taches fauves et une bande transverse maculaire de la même couleur. Leurs ailes inférieures ne diffèrent que parceque les lignes basilaires sont confondues. En dessous les ailes inférieures sont tout-à-fait dépourvues de bordure brune. Les supérieures ont aussi une partie de la bordure effacée; mais ce qui en reste est beaucoup plus noir que dans les individus ordinaires.

Quoique cette espèce soit assez commune dans plusieurs contrées de l'Amérique septentrionale, nous ne connaissons pas encore sa chenille.

Cette *Melitæa* forme, avec quelques autres espèces américaines, un petit groupe particulier.

GENRE VANESSA.

Chenilles garnies d'épines assez fortes, à-peu-près d'égale longueur. Chrysalides anguleuses, bifides antérieurement, garnies de pointes saillantes sur le dos, le plus souvent ornées de taches d'or ou d'argent. *Insecte parfait :* tête moyenne plus étroite que le corselet ; yeux médiocrement saillants ; palpes peu comprimés, velus, dépassant beaucoup le chaperon, terminés insensiblement en pointe un peu obtuse ; antennes passablement longues, terminées en massue courte cylindrique, jamais aplatie ni creusée en cuiller ; corselet robuste et large ; abdomen beaucoup plus court que les ailes inférieures ; ailes ornées de couleurs vives, dentelées, anguleuses ; les supérieures ayant le bord postérieur un peu concave, et le sommet plus ou moins falqué ; les inférieures ayant une gouttière très prononcée.

Ce genre est assez nombreux, mais nul pays n'offre de plus belles espèces que l'Europe. Leurs chenilles vivent souvent en famille sur certains végétaux. En Europe le genre Ortie (*urtica*) en nourrit plusieurs ; dans les pays étrangers un certain nombre vit sur des *linaria*, des *iatropha*, etc. Beaucoup d'espèces aussi se nourrissent sur différents arbres.

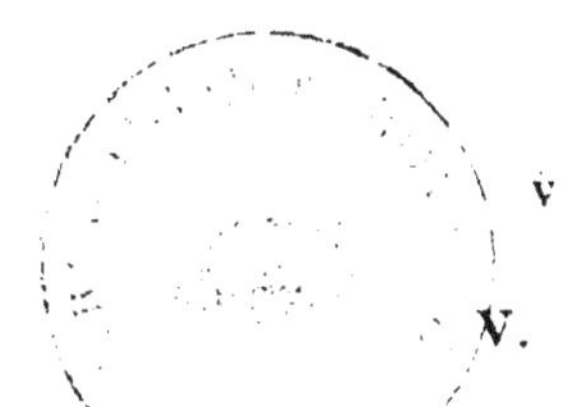

V. ANTIOPA.

Alis antice productis, posticis extus breviter subcaudatis; omnibus holosericeo-fuscis, limbo posteriori flavido et ante hunc punctorum cæruleorum serie transversa.

God., *Enc.*, IX, p. 3o8, n° 28.
Papilio id. Linn., *Syst. Nat.*, 2, p. 776, n° 165.
Fab., *Ent. Syst.*, III, I, p. 115, n° 355.
Roesel, *Ins. Bel.*, pl. XXI, fig. 1-9.
Esper, *Schm.*, tab. XII, fig. 2.
Ochs., *Schm. von Europ.*, I, p. 110.
Hubn., *Pap.*, tab. XVI, fig. 79-80. — Borkh., Wien.
    Verz., Fuessl., Shæff., etc.
Le Morio, Ernst, *Pap. d'Europ.*, pl. I, fig. 1 à 4.
Geoff., *Hist. des Ins.*, II, p. 35, n° 1.

Elle a environ trois pouces d'envergure. Le dessus des ailes est d'un noir-marron velouté, avec une bande terminale jaunâtre, large d'environ deux lignes, ayant le côté interne un peu sinué, et précédé d'un cordon de sept à huit points d'un bleu violet, assez gros et oblongs pour la plupart. Les ailes supérieures ont en outre toute la côte finement entrecoupée de blanc jaunâtre, et marquée entre son milieu et les points bleus de deux taches transverses et parallèles de la même couleur que la bordure.

Le dessous des ailes est d'un noir obscur, avec des ondes plus foncées et un petit point central grisâtre.

Le corps et les antennes sont noirs ; ces dernières ont l'extrémité de la massue ferrugineuse.

Ce magnifique papillon se trouve assez communément dans différentes parties des États-Unis, dans la Floride, la Colombie et au Mexique. Il habite aussi presque toute l'Europe.

En Europe on rencontre quelquefois les variétés suivantes :

La première diffère des individus ordinaires par l'absence de points bleus ;

La seconde en est également dépourvue ; mais elle offre sur la bande marginale trois ou quatre taches noirâtres irrégulières.

La chenille vit en Europe sur le bouleau, *betula alba* ; les saules, *salix* ; le tremble, *populus tremula* ; les peupliers, *populus*. En Amérique elle vit sur des plantes des mêmes genres. Elle est un peu moins noire que celle d'Europe ; du reste elle lui ressemble complétement, c'est-à-dire qu'elle est chargée d'épines simples noirâtres, avec une rangée de taches dorsales et les huits pattes intermédiaires d'un rouge ferrugineux.

V. ATALANTA.

*Alis subdentatis, supra nigris, fascia ignea, transversa;
anticarum discoidali, incurva, in medio interrupta,
posticarum marginali; his rotundatis, illis subfal-
catis.*

God., *Enc.*, IX, p. 319, n° 54.
Papilio id., Linn., *Sys. Nat.*, 2', p. 779, n° 175.
Fab., *Ent. Syst.*, III, I, p. 118, n° 362.
Esper, *Schm.*, tab. XIV, fig. 1.
Ochs., *Schm. von Europ.*, I, p. 104.
Hubn., *Pap.*, tab. XV, fig. 75, 76. — Illig., Borkh.,
    Panz., Ross., etc.
Le Vulcain, Geoff., *Hist. des Ins.*, II, p. 40, n° 6.
Ernst, *Pap. d'Europe*, pl. VI, fig. 6, a-i.

Elle a environ deux pouces et demi d'envergure. Le
dessus des ailes est noir, avec une bande d'un rouge de
feu. La bande des inférieures est marginale, divisée
dans le sens de sa longueur par une ligne de quatre
points noirs, et terminée à l'angle anal par une double
tache bleuâtre. La bande des supérieures est arquée,
moins large, un peu interrompue dans son milieu,
partant du tiers antérieur de la côte pour aboutir au-
dessus de l'angle interne. Le sommet des mêmes ailes
est légèrement bleuâtre, avec six taches blanches, dont
l'intérieure, en forme de bande transverse, appuyée

sur le bord costal ; les cinq autres, inégales et en forme de points, disposées en une ligne courbe également transverse.

Le dessous des ailes supérieures offre à-peu-près les mêmes caractères que le dessus ; mais le sommet est d'un brun mêlé de gris. La bande rouge est beaucoup plus pâle à chaque extrémité, et séparée des taches blanches par un anneau bleuâtre ; l'origine de la côte est en outre coupée transversalement par des petits traits de cette couleur.

Le dessous des ailes inférieures est brun, légèrement marbré de gris, avec une tache jaunâtre sur le milieu de la côte, et des atomes bleuâtres sur le bord postérieur, qui est plus ou moins grisâtre. Ce bord a les échancrures blanches de part et d'autre, ainsi que le bord correspondant des premières ailes.

Le corps est de la couleur des ailes en dessus comme en dessous. Les antennes sont annelées de blanc et de noir, avec le bout de la massue jaunâtre.

La chenille varie pour la teinte, qui est tantôt d'un vert jaunâtre, et quelquefois violâtre saupoudré de gris, avec les épines médiocrement longues, et une bande latérale sinuée d'un jaune citron. Elle vit isolément sur les orties, *urtica,* et se tient presque constamment enveloppée entre plusieurs feuilles réunies par quelques fils de soie.

La chrysalide est noirâtre, médiocrement anguleuse, couverte d'une efflorescence grisâtre et ornée de taches d'or.

Cette Vanesse est commune dans toute l'Europe, sur-tout à l'automne. Elle est plus rare dans l'Amé·rique septentrionale, où ses mœurs du reste sont les mêmes, si ce n'est qu'elle vit sur d'autres espéces d'*urtica*.

V. CARDUI.

Alis dentatis supra fulvis nigroque variis; anticis apice prominulis albo maculatis; posticis subrotundatis, subtus marmoratis, ad extimum striga quatuor ocellorum.

GOD. , *Enc*, IX , p. 325, n° 62.
Papilio id., LINN. , *Syst. Nat.* , 2 , p. 276 , n° 1054.
FAB. , *Ent. Syst.* , III, I, p. 104 , n° 320. — ROSSI , ILLIG. , PANZ. , ESP. , etc.
BORKH. , *Eur. Schm.* , I, p. 13 et 199, n° 6.
OCHS. , *Schm. von Eur.* , 1 , p. 102.
HUBN. , *Pap.* , tab. XV, fig. 73 , 74.
La Belle-dame , GEOFF. , *Hist. des Ins.* , II, p. 41, n° 7.
ERNST, *Pap. d'Europ.* , pl. VII , fig. 7, a - g.

Le dessus des ailes supérieures a la base et le bord interne d'un brun roussâtre; le milieu d'un fauve tirant sur le rouge cerise, avec une bordure noire transverse et anguleuse; le sommet largement noir, avec cinq taches blanches, dont l'intérieure plus grande et appuyée tranversalement sur la côte; les quatre autres en forme de points inégaux et rangés en arc. Le bord postérieur est entièrement noir, avec les échancrures blanches.

Le dessus des secondes ailes est d'un fauve plus ou moins rougeâtre, avec la base , le bord interne et le disque d'un brun roussâtre, et trois rangées postérieures et parallèles de points noirs, dont les intermédiaires oblongs et plus petits, les extérieurs tout-à-fait

marginaux, les intérieurs au nombre de quatre seulement, et parfois un peu ocellés.

Le dessous des ailes supérieures offre le même dessin que le dessus, mais le fauve du milieu tire encore
davantage sur le rouge. La bande noire qui le divise
est marquée de blanc près de la côte, et le sommet
est d'un brun verdâtre.

Le dessous des ailes inférieures est marbré de brun,
de blanc et de jaunâtre, avec un cordon de quatre
taches oculaires, correspondant aux points intérieurs
du dessus, et séparés du bord par une ligne grisâtre,
transverse, le long de laquelle il y a une série de petites lunules bleuâtres formées par des atomes.

Le corps est blanchâtre en dessous, et d'un brun
roussâtre en dessus, avec des anneaux noirs sur l'abdomen.

La chenille est épineuse, brunâtre ou grise, avec
des lignes jaunes latérales et interrompues. Elle vit
isolément sur plusieurs espèces de *carduus*, de *serra-
tula*, de *cirsium*, et autres plantes de la famille des
Carduacées ; et quelquefois sur beaucoup d'autres
végétaux de genres très différents.

La chrysalide est grisâtre, médiocrement anguleuse, parsemée de taches d'or, qui quelquefois enva-
hissent presque toute la surface.

Cette Vanesse, très commune dans toute l'Europe,
l'Afrique et les Indes orientales, est beaucoup plus
rare en Amérique, quoique du reste elle se trouve
dans presque toute l'étendue de ce continent.

V. HUNTERA. Pl. XLVIII.

Alis dentatis, supra testaceo-fulvis nigroque variis, anti-
cis apice productis, albo maculatis; posticis subrotun-
datis, subtus ab basin reticulatis, ad extimum ocellis
duobus majoribus notatis.

Larva spinosa, obscura, flavo striata, lineis duabus latera-
libus flavis superiori croceo maculata.

God., *Enc.*, IX, p. 324, n° 63.
Papilio id., Fab., *Ent. Syst.*, III, I, p. 104, n° 321.
Smith-Abbot, *Lepid. of Georg.*, vol. I, p. 17, tab. IX.
Papilio Iole, Cram., 12, E. F.
Papilio Cardui virginiensis. Drury, *Ins.*, I, tab. V, fig. 1.

Elle est de la taille de la *Cardui*, et ses ailes supérieures ressemblent beaucoup aux ailes correspon-
dantes de cette espéce ; mais elles ont généralement le
bord postérieur plus évidé, leur sommet a un léger
reflet bleu en dessus et il est plus brun en dessous.
La tache blanche intérieure est plus étroite et courbée
en dehors. Il y a en outre un point blanc entre l'extrémité de cette bande et l'angle interne.

Le dessus des secondes ailes est presque aussi
comme dans la *Cardui*. Leur dessous est d'un brun
légèrement obscur, avec les nervures d'un blanc jaunâtre, croisées près de la base par deux lignes de cette
couleur. Le milieu offre une bande transverse d'un

1.   Satyrus Portlandia   4.   la Chenille
2.   la femelle   5.   la Chrysalide
3.   idem en dessous

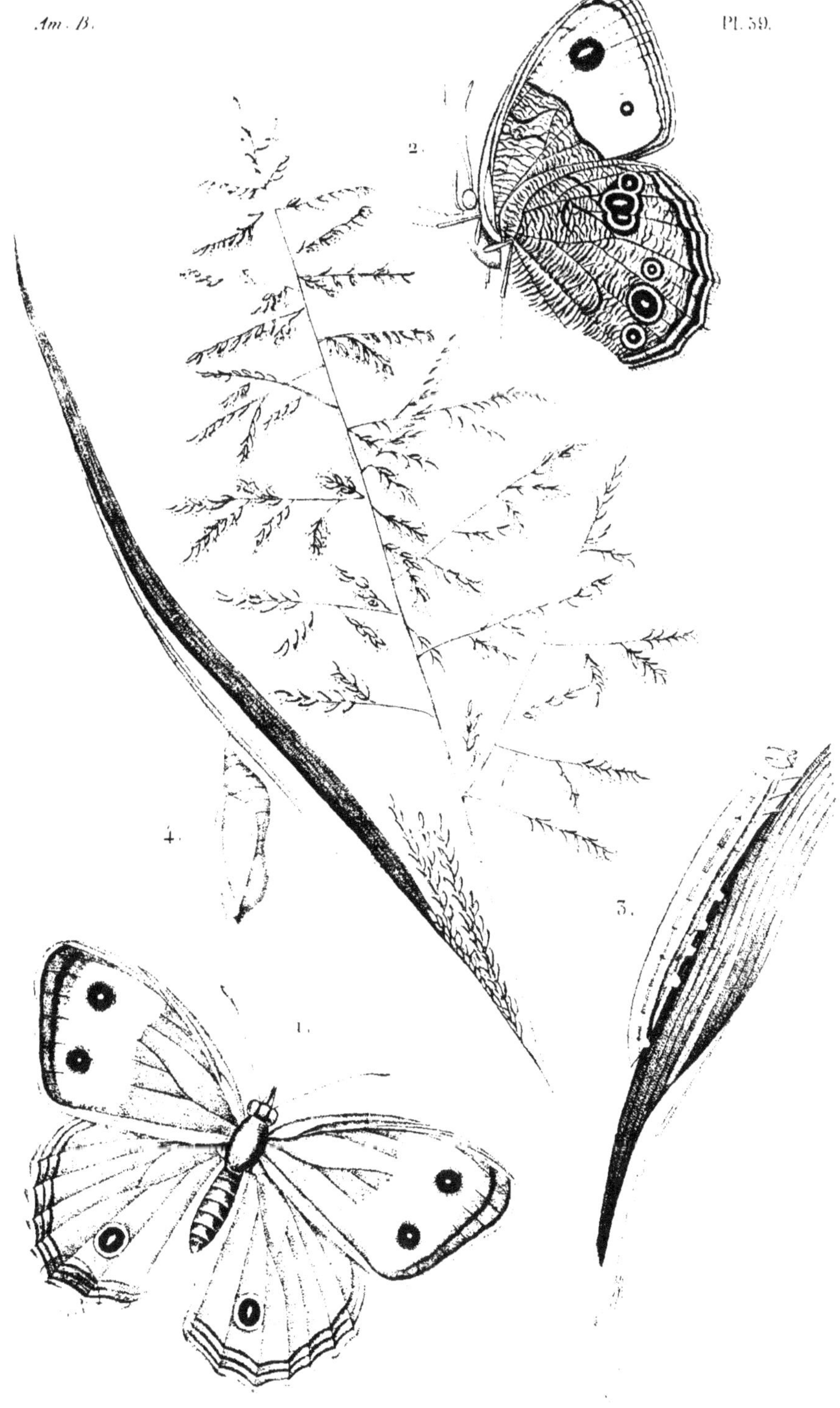

1. Satyrus Mope.   3. la Chenille.
2. idem en dessous   4. la Chrysalide.

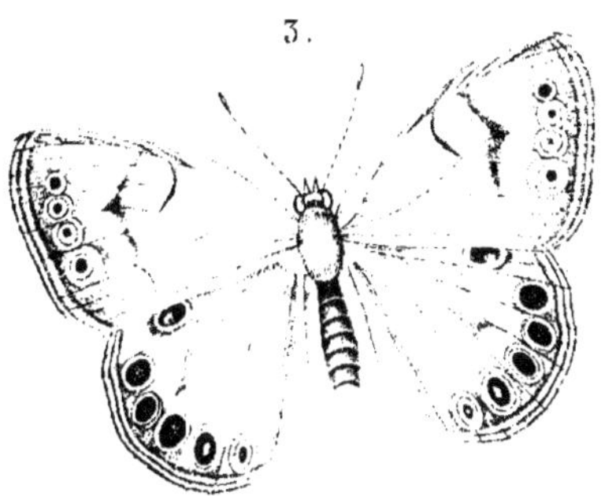

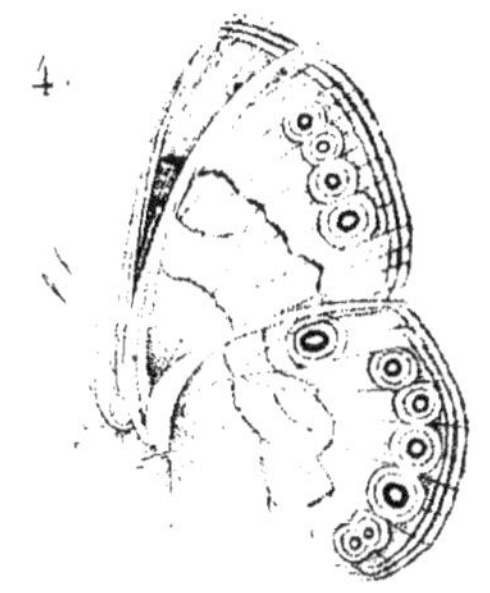

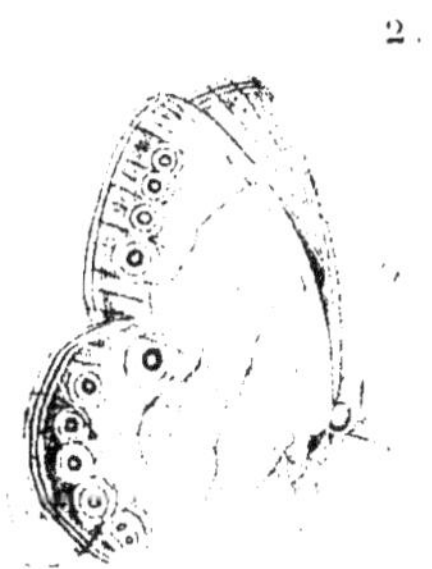

1. Satyrus Canthus.   3. la femelle.
2. idem en dessous.   4. idem en dessous.

blanc un peu grisàtre, ou d'un blanc rosé, suivie extérieurement de deux taches oculaires. Près du bord postérieur, il y a une bande marginale presque du même ton, divisée dans le sens de sa longueur par une ligne violàtre ondulée.

Chez les femelles, la teinte du dessus est quelquefois carminée ou briquetée.

La chenille est d'un gris-noirâtre strié de jaune, avec les incisions plus claires et les premiers anneaux plus obscurs. Elle a le long des pattes, au-dessous des stigmates, une raie latérale jaune, et au-dessus de ceux-ci une autre raie jaune, marquée d'une petite tache orangée au-dessus de chaque stigmate. Les épines sont jaunes, disposées comme dans *Cardui*. Elle vit sur le *gnaphalium obtusifolium*.

La chrysalide est jaunàtre, de la même forme que celle de *Cardui*, parsemée d'un grand nombre de taches d'or.

Elle se trouve dans la Géorgie, la Caroline, la Virginie, la Floride, et quelques unes des Antilles. Elle est aussi assez commune depuis le Mexique jusqu'au Paraguay.

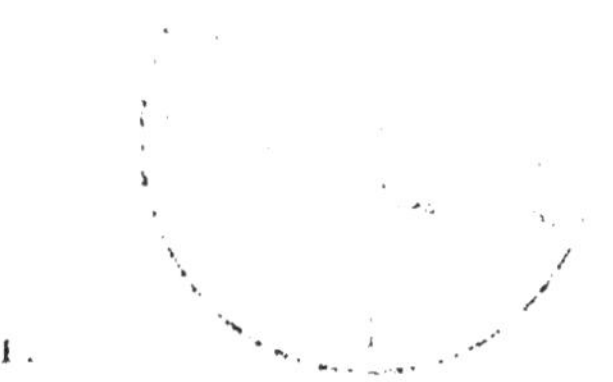

V. COENIA. Pl. XLIX.

Alis dentatis, supra fuscis singularum ocellis duobus, iride lutescente-grisea linea rufa transversa extus adjecta ; ocello antico posticarum, anali quadruplò majore.

Papilio id., Hubn., *Exot. saml.*

Papilio Orithya, Smith-Abbot, *Lepid. of Georg.*, vol. 1, tab. VIII.

Vanessa Larinia. Var., God., *Enc.*, IX, p. 318, n° 53.

Godart a connu cette espéce, mais il l'a considérée comme une variété de sa *Larinia*, à laquelle effectivevement elle ressemble beaucoup. Le dessus de chaque aile est d'un brun obscur, avec deux yeux noirs à iris d'un jaune grisâtre. Ces yeux sont précédés en dehors d'une raie fauve, suivie d'une double raie grisâtre marginale, presque nulle sur les ailes supérieures. Ces dernières ont vers l'origine de la côte, comme dans les espéces du même groupe, deux traits fauves bordés de noir, et entre les deux taches oculaires une bande blanche, ou d'un blanc un peu jaunâtre, se dirigeant obliquement du sommet au bord terminal. Il y a en outre une petite tache plus blanche au-dessus de l'œil supérieur, qui est très petit et pupillé de bleu. L'œil inférieur est beaucoup plus grand, également pupillé de bleu.

Les deux yeux des ailes inférieures sont d'inégale

grandeur ; celui qui est situé près du bord antérieur est aussi grand que chez la *V. Almana*. Il est noir, entouré d'abord par un cercle incomplet d'un rouge fauve, puis par un cercle entier d'un gris jaunâtre, et en dernier par un cercle très noir. Outre cela, il est couvert en grande partie par des atomes violets et bleus. Celui de l'angle anal offre les mêmes caractères, mais il est quatre fois plus petit.

Le dessous des ailes supérieures est fauve vers la base, avec quelques traits grisâtres bordés de noir ; plus pâle vers le bout, avec les deux yeux et la bande de séparation comme en dessus, et ordinairement un second petit œil au-dessus de celui du sommet.

Le dessous des inférieures est d'un gris ferrugineux, ou d'un roux ferrugineux, avec des ondes plus obscures et une bande transversale d'un brun ferrugineux, marquée de deux ou trois petits yeux et de deux points noirâtres.

Le corps est de la couleur des ailes. Les antennes sont blanchâtres, avec le bout de la massue noirâtre.

La chenille vit sur la *linaria canadensis*. Elle est noirâtre, pointillée de blanc, avec le ventre et les pattes d'une couleur fauve. Elle a deux lignes latérales blanches, dont la supérieure est marquée d'une rangée de taches fauves. Les épines sont noirâtres.

La chrysalide ressemble un peu par la forme à celles de *Huntera* et de *Cardui*; mais elle est noirâtre, variée d'un peu de blanchâtre, sans aucunes taches métalliques.

Cette Vanesse n'est pas rare dans la Virginie, la Caroline et la Géorgie.

Il serait possible qu'elle ne fût qu'une modification locale de la *Lavinia*; mais on ne pourra décider cette question qu'après avoir comparé les deux chenilles.

V. J ALBUM. Pl. L, fig. 1 et 2.

*Alis anguloso-dentatis, supra pallide fulvis limbo fusco,
anticis maculis quinque posticis unica nigris, singula-
rumque macula costali alba; posticis subtus quasi J
albo notatis.*

Cette espéce a les plus grands rapports avec la
Vanessa V album d'Europe, et il se pourrait même
qu'elle n'en fût qu'une variété locale.

Le dessus de ses ailes est d'un jaune-fauve terne,
avec la base des supérieures et une partie des inférieures plus obscures. Elles ont un peu avant le bord
postérieur une raie d'un brun ferrugineux ou noirâtre, qui sur les premières se fond souvent dans le mâle
avec le bord terminal, qui est presque toujours saupoudré de noirâtre. Ces dernières ailes ont sur le milieu
quatre ou cinq taches noires inégales, et sur la côte
trois bandes courtes transverses de la même couleur,
dont celle du sommet est séparée de la bordure par
une tache très blanche; entre les deux autres le fond
est un peu plus pâle.

Les ailes inférieures ont la côte largement noirâtre,
divisée par une tache blanche à-peu-près semblable à
celle du sommet des premières ailes.

Le dessous des ailes est brun depuis la base jusqu'au milieu, avec des ondes plus pâles et d'autres
plus obscures, ensuite d'un gris blanchâtre réticulé de

gris, avec une raie marginale interrompue d'un cendré bleuâtre. Sur le milieu des inférieures, on remarque un petit chevron d'un gris blanchâtre en forme de J.

Le corps participe de la couleur des ailes.

La femelle, de même que dans les *Vanessa* européennes du même groupe, est semblable au mâle ; seulement elle est un peu plus grande et un peu plus pâle.

Cette belle espèce, qui, dans l'Amérique septentrionale, remplace la *V. Album* d'Europe, se trouve aux environs de New-York, de Philadelphie et de New-Harmony-Indiana.

V. MILBERTI. Pl. L, fig. 3 et 4.

Alis dentatis, omnibus supra nigris fascia communi fulva lunulis marginalibus cæruleis; anticis apice macula nivea maculisque duabus costalibus fulvis.

Goo., *Enc.*, IX, p. 307, n° 25.

Elle a le port et la taille de la *V. Urticæ*, mais elle est plus voisine encore de l'*Ichnusa* d'Europe.

Le dessus de ses quatre ailes est d'un noir brunâtre, traversé entre le milieu et l'extrémité par une bande fauve, large, un peu sinuée en dedans, où elle est d'une teinte plus pâle, suivie sur les inférieures d'une rangée marginale de lunules d'un bleu violâtre.

Les ailes supérieures ont en outre dans la cellule discoïdale deux taches fauves, et au sommet vers l'extrémité de la côte une tache blanche comme dans les deux espéces qui appartiennent au même groupe.

Le dessous des quatre ailes est noirâtre, avec des ondes plus obscures, et une bande d'une teinte beaucoup plus pâle correspondant à celle de la surface opposée.

Le corps est d'un noir brun comme dans *Urticæ*.

Elle vit en famille sur une espéce *urtica* aux environs de Philadelphie.

V. PROGNE. Pl. L, fig. 5 et 6.

*Alis dentatis supra vivide fulvo-ferrugineis nigro macula-
tis ; anticis falcatis, posticis extus subcaudatis, his punctis marginalibus fulvis , subtus L albo signatis.*

God., *Enc.*, IX, p. 304, nº 19.
Papilio id., Fab., *Ent. Syst.*, III , I , p. 124, n° 379.
Cram., pl. V, E. F.

Elle a le port et la taille de la *Vanessa C Album*,
et elle semble tenir le milieu entre cette espéce et
L. Album d'Europe.

Le dessous des ailes est d'un fauve-ferrugineux très
vif, mais un peu plus pâle à l'extrémité des supérieures. Ces dernières ailes offrent cinq taches noires
sur leur milieu, dont deux dans la cellule discoïdale
et trois au-dessous de la nervure médiane; deux bandes courtes, brunes, situées le long de la côte, l'une à
l'extrémité de la cellule discoïdale, et l'autre près du
sommet, dont elle est séparée par trois ou quatre lunules plus pâles que le fond. Il y a aussi vers l'angle
interne une tache brune se liant un peu à la bordure,
qui est d'un brun assez foncé.

Les ailes inférieures ont l'extrémité d'une couleur
noire, qui se fond insensiblement avec la couleur fauve,
laquelle est marquée de deux petites taches noires. Un
peu avant le bord postérieur, elles offrent une rangée
de points fauves plus ou moins prononcés. Les pro-

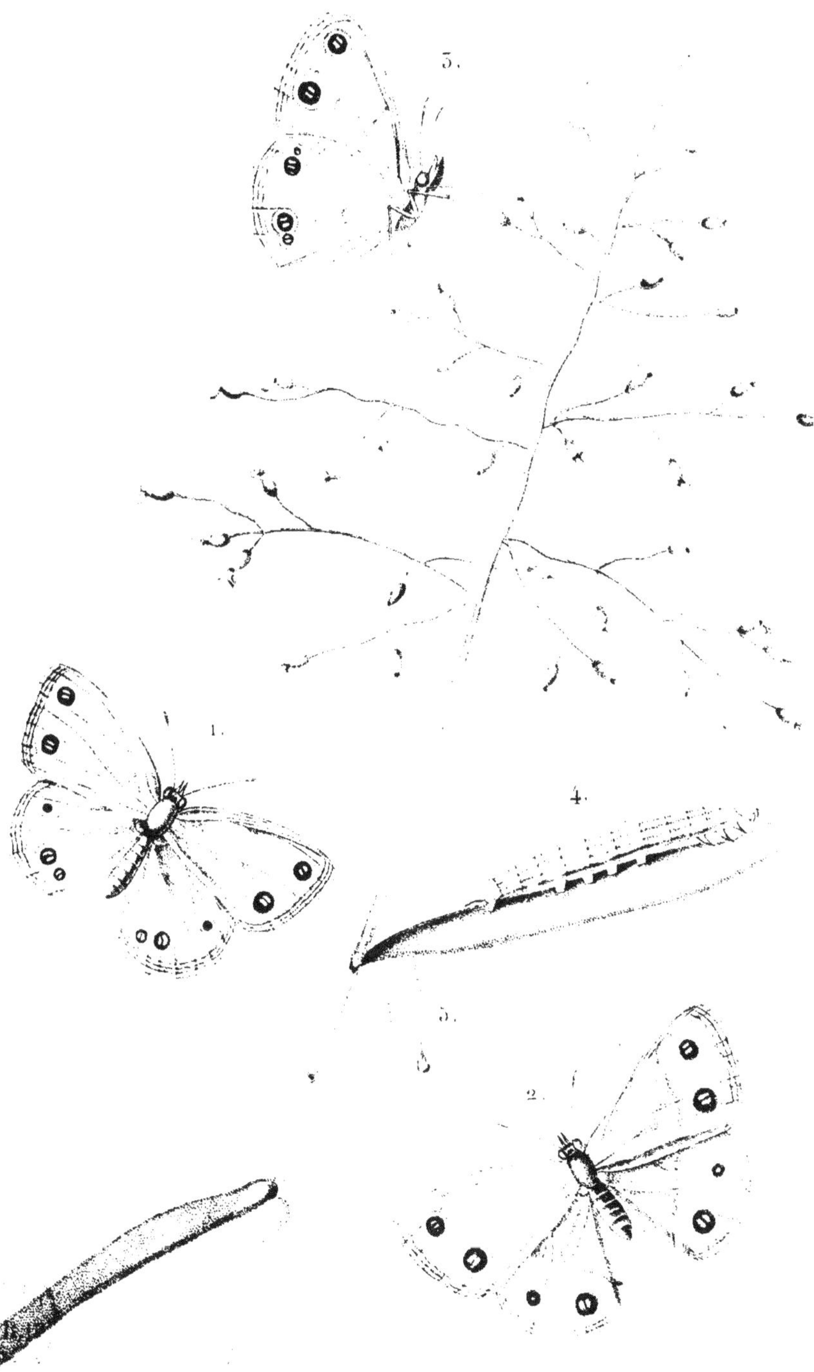

1.   **Satyrus Eurytheis** *mâle.*   4.   *la Chenille.*

2.   *la femelle*   5.   *la Chrysalide*

3.   *idem en dessous*

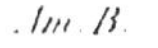

1.   Satyrus Gemma *mâle*   4.   *la Chenille*
2.   *idem en dessous*   5.   *la Chrysalide*
3.   *la femelle*

3.

4.

1.

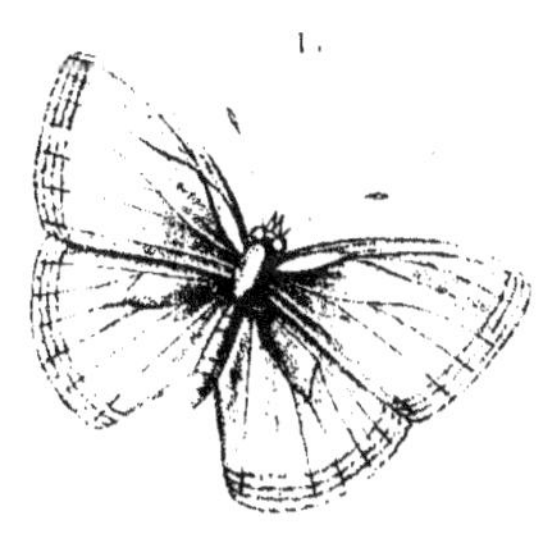

2.

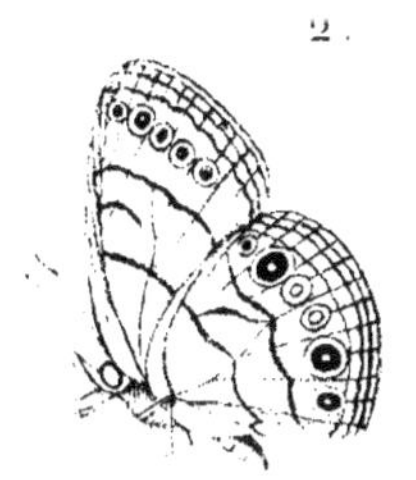

7.

8.

5.

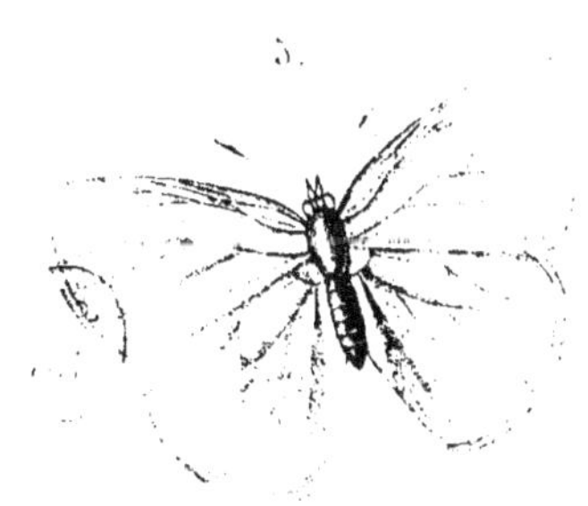

6.

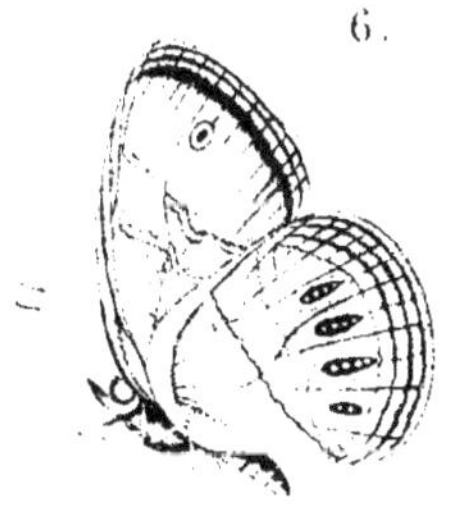

1.	Satyrus Sosybius	5.	Satyrus Areolatus
2.	idem en dessous	6.	idem en dessous
3.	la Chenille	7.	la Chenille
4.	la Chrysalide	8.	la chrysalide

longements anguleux de ces mêmes ailes sont teintés
de gris violâtre, et les échancrures de toutes les ailes
sont lisérées de gris jaunâtre.

Le dessous des ailes est brun, strié de noirâtre,
avec une bande plus pâle, anguleuse sur les supérieures, située entre le milieu et l'extrémité, et un
arc blanc sur le disque des inférieures imitant une espèce d'L.

Chez certains individus femelles il y a en outre, le
long du bord marginal en dessous, des petites lunules
verdâtres luisantes, plus ou moins prononcées et
presque réunies en une ligne continue. Ces mêmes
individus ont le dessus des ailes moins vif.

Elle se trouve aux environs de Philadelphie, de
New-York et d'Indiana, où elle remplace la *Vanessa
L Album* d'Europe. Elle habite aussi la Jamaïque.

Godart a décrit la *Progne* d'après Cramer, puisqu'il
dit qu'elle n'a point de signe blanc sur le dessous des
inférieures.

V. C ALBUM.

Alis dentatis supra fulvis aut ferrugineis, nigro macula-
tis; anticis falcatis; posticis extus subcaudatis; his
subtus C albo notatis.

GOD., *Enc.*, IX, p. 302, n° 17.
Papilio id., LINN., *Syst. Nat.*, 2, p. 778, n° 168.
FAB., *Ent. Syst.*, III, I, p. 124, n° 380.
OCHS., *Schm. von Europ.*, I, p. 125.
HUBN., *Pap.*, tab. XIX, fig. 92, 93.
ESP., *Schm.*, tab. XIII, fig. 3.
Le Gamma, GEOFF., *Hist. des Ins.*, II, p. 38, n° 5.
ERNST, *Pap. d'Europe*, pl. V, fig. a-f.

Elle est à-peu-près de la taille de la *Progne*. Le dessus des ailes est fauve ou ferrugineux, avec plusieurs
taches noires éparses, et le bord postérieur plus ou
moins obscur.

Le dessous est tantôt d'un brun noirâtre, tantôt
d'un brun jaunâtre, avec des groupes d'atomes verts
sur la moitié postérieure, qui, à l'exception du limbe,
est toujours plus claire.

Le dessous des ailes inférieures offre en outre sur
le milieu un C ou un G d'un blanc pur et très ré-
gulier.

Le corps est noirâtre, avec des poils verdâtres
sur le corselet. Les antennes sont noires en dessus,
brunes et annelés de blanc en dessous, avec l'extrémité de la massue jaunâtre.

La chenille est épineuse, d'un brun rougeâtre, avec une large bande blanche dorsale, ne couvrant pas les quatre anneaux antérieurs, lesquels sont parfois d'une teinte jaunâtre. Sa tête est cordiforme, et surmontée de deux épines courtes très rameuses. En Europe elle vit sur l'orme, *ulmus campestris;* le houblon, *humulus lupulus;* le groseillier, *ribes rubra;* le noisetier, *corylus avellana*, etc.

La chrysalide est comprimée dans son milieu, très anguleuse, d'un gris incarnat, avec des taches argentées.

Cette espéce est commune dans presque toute l'Europe, sur-tout en automne. Il paraît qu'elle est plus rare dans l'Amérique septentrionale; car jusqu'à présent elle n'a été prise, à notre connaissance, qu'aux environs de Philadelphie.

V. C. AUREUM. Pl. LI.

*Alis dentatis supra fulvis vel fulvo-ferrugineis nigro
maculatis, anticis falcatis; posticis extus subcaudatis
apice cærulescenti-nigris; his subtus C aureo integro
vel interrupto notatis.*

Papilio id., Cram., pl. 19, E. F.
Fab., *Ent. Syst.,* III, I, p. 78, n° 243.
Smith-Abbot, *Lepid. of Georg.,* vol. I, tab. II.
Linn.? *Syst. Nat.,* 2, p. 778, n° 161.
Vanessa interrogationis, God., *Enc.,* IX, p. 301, n° 15.
Papilio id., Fab., *loc. cit.* Suppl., 243-4.

Le dessus de ses ailes est fauve ou d'un fauve ferrugineux, avec sept ou huit taches noires inégales, et
le bord postérieur tantôt d'un brun obscur et tantôt
d'une teinte ferrugineuse, fondue insensiblement avec
la couleur générale.

Le dessus des inférieures est d'un brun ou d'un
ferrugineux obscur, glacé de bleu verdâtre, avec la
base d'un roux-ferrugineux vif.

Le dessous des ailes est tantôt d'un gris de bois ondé
et varié de brun, tantôt d'une couleur ferrugineuse ou
feuille-morte uniforme, avec l'extrémité un peu plus
claire; souvent brun, légèrement glacé de vert blanchâtre, sur-tout aux ailes inférieures, dont le disque
offre dans toutes les variétés une tache argentée, tantôt
en forme de C, et tantôt en forme de C interrompu ou
de point d'interrogation. Dans la plupart des variétés,

il y a en outre sur le bord terminal de chaque aile une rangée de points noirs.

La chenille est noirâtre, avec le corps pointillé et strié de blanchâtre et de jaunâtre. La tête et les pattes sont rougeâtres; les épines sont noirâtres. Il y a le long des pattes une raie d'un jaune citron, et au-dessus des stigmates une autre raie de la même couleur, marquée d'un rangée de taches rouges.

La chrysalide est anguleuse, obscure, avec des taches dorées. Elle vit sur les *ulmus* et *tilia*.

Cette Vanesse varie beaucoup, et si on n'obtenait pas de la même chenille les variétés dont nous avons parlé, on en ferait aisément trois espèces.

Elle se trouve dans une grande partie des États-Unis.

GENRE AGANISTHOS.

NYMPHALIS. *Lat., God.*

Chenille . . . . . . *Insecte parfait :* tête à-peu-près de la largeur du corselet ; yeux grands, saillants ; antennes longues, terminées par une massue cylindrique allongée ; palpes rapprochés, convergents à l'extrémité, dépassant notablement le chaperon ; corselet très long, gros, très robuste ; abdomen proportionnellement petit ; ailes non dentées, très fortes et très robustes ; les supérieures ayant le bord postérieur très échancré et le sommet prolongé, ce qui leur donne une forme falquée ; les inférieures arrondies, sans queue, ayant l'angle anal un peu saillant ; le dessous des unes et des autres sans yeux.

Les *Aganisthos,* par leurs ailes fortes et puissantes, par leur corselet gros et très robuste, se rapprochent beaucoup des *Charaxes,* et sur-tout des *Prepona.*

Ils habitent le continent américain. Ils volent avec une rapidité extrême, et se fixent contre le tronc des arbres, où il est alors assez facile de les prendre.

A. ORION. Pl. LII.

*Alis supra fusco-nigris, anticis fascia longitudinali pos-
ticis basi fulvis ; omnibus margine postico utrinque
albido-cinereo.*

Nymphalis id., Gon., *Enc.*, p. 368, n° 62.
Papilio id., Fab., *Ent. Syst.*, III, I, p. 55, n° 170.
Papilio Odius, Sulz., *Gesch.*, tab. XIII, fig. 2.
Papilio Danae, Cram., pl. 84, A. B.

Il a près de cinq pouces d'envergure. Le dessus des
premières ailes est d'un noir brun, avec une bande
fauve, longitudinale, qui couvre tout le tiers antérieur
de la surface, puis qui va, en se rétrécissant, aboutir à peu de distance du bord postérieur. Vers l'extrémité de la côte de ces mêmes ailes, il y a une tache
blanche oblongue de médiocre grandeur.

Le dessus des ailes inférieures est d'un noir brunâtre, avec la base d'un fauve obscur.

Le dessous des quatre ailes est d'un brun nuancé
de grisâtre, avec deux bandes transverses plus foncées près de la base ; puis deux lignes noires également transverses, qui se réunissent vers le bord interne des inférieures. A la tache blanche du dessus
correspond ici une tache triangulaire de même couleur. Outre ces caractères, le bord terminal de chaque
aile est d'un gris blanchâtre de part et d'autre.

Le dessus du corps est fauve, avec l'extrémité brunàtre ; le dessous est de la couleur des ailes. Les antennes sont ferrugineuses.

Il se trouve dans la Floride, l'île de Cuba, et depuis le Mexique jusqu'au Brésil.

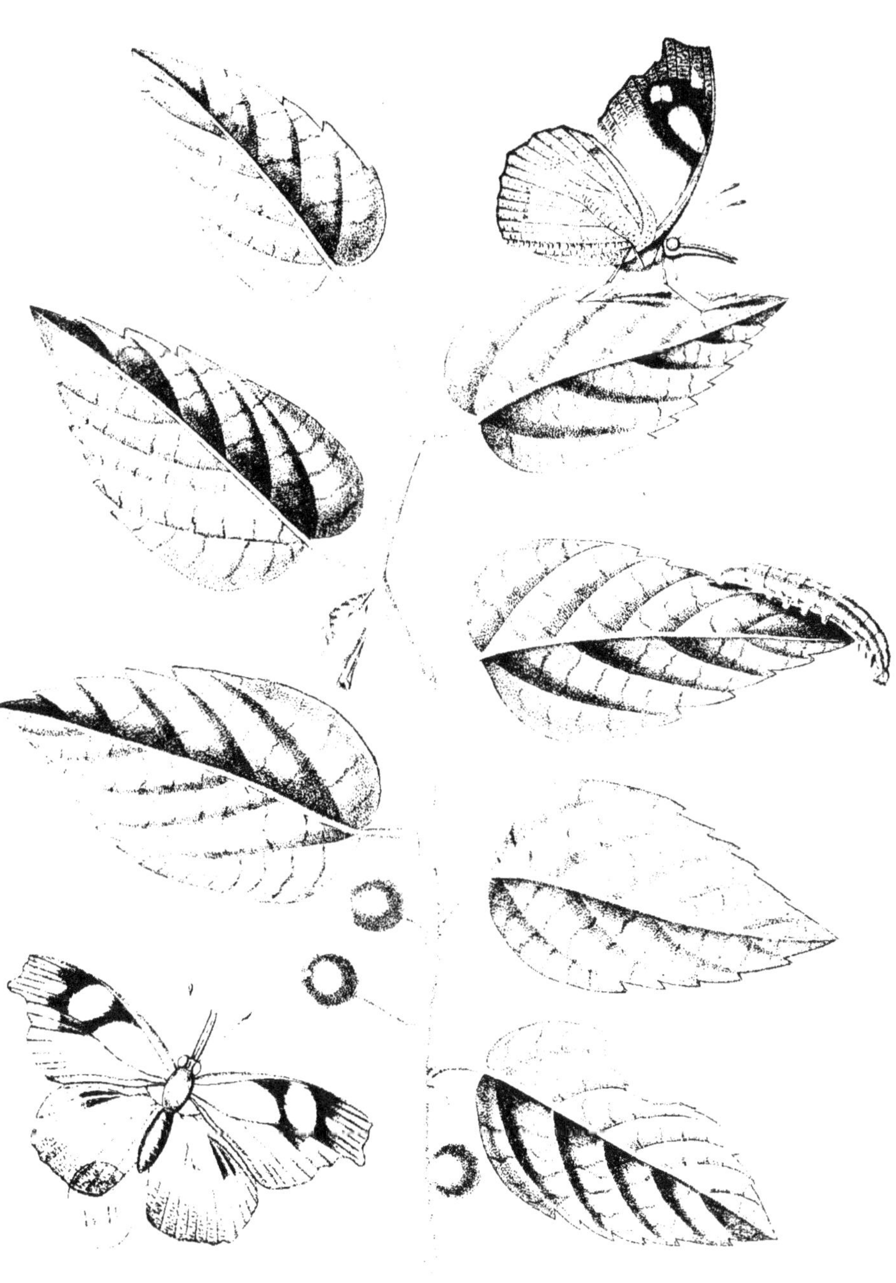

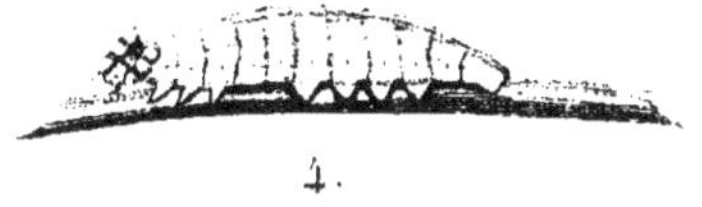

4.

5.

1. Thanaos Juvenalis _mâle_.	4. _la Chenille._
2. _idem en dessous._	5. _la Chrysalide._
3. _la femelle._	

Thanaos Brizo

GENRE NYMPHALIS.

Nymphalis. *Lat.*, *God.*

Chenilles cylindriques, à tête un peu bifide; munies sur le dos de tubercules plutôt hispides qu'épineux; portant sur le second anneau deux tubercules beaucoup plus développés que les autres et souvent alongés en forme de cornes tronquées dirigées en avant; les poils ou petites épines des tubercules, renflés en massue à leur extrémité. Chrysalide anguleuse non métallique, à tête non bifide, munie sur le milieu du dos d'une protubérance très saillante. *Insecte parfait :* tête un peu plus étroite que le corselet ; yeux gros, saillants ; palpes médiocres, un peu écartés, un peu plus longs que la tête ; leur dernier article beaucoup plus court que le précédent, obtus ; antennes à-peu-près de la longueur du corps, renflées insensiblement en massue alongée ; ailes larges, assez robustes, dentelées, toujours dépourvues d'yeux et de prolongements en forme de queue.

Les Nymphales se rapprochent beaucoup des *Limenitis*, des *Diadema*, et d'un nouveau genre que nous avons formé avec quelques espèces propres au Mexique et à la Colombie. Elles sont toutes d'assez grande taille, et habitent les grands bois de l'Europe et de l'Amérique septentrionale. Nous n'en connaissons pas des autres parties du monde.

Remarque. Dans mon *Index methodicus,* j'avais classé le *Papilio populi* d'Europe dans le genre *Nymphalis.* Depuis la publication de cet ouvrage, j'avais engagé M. Cantener, lorsqu'il fit paraître ses *Lépidoptères Rhopalocères* de l'*Alsace,* à le réunir aux *Limenitis,* en lui disant que je n'étais pas certain que cette espèce fût identiquement du même genre que les *Nympha-lis Ursula* et *Arthemis* de l'Amérique septentrionale. Mais, ayant eu occasion de comparer cette année la chenille et la chrysalide de notre *Populi* avec celle d'*Ursula* que j'avais reçue dans de l'alcool, je rétablis avec certitude notre espèce européenne dans le genre *Nymphalis,* dont elle a tous les caractères.

N. URSULA. Pl. LIII.

*Alis dentatis fuscis utrinque cœrulescenti - micantibus ;
posticis ad extimum fascia postica lineisque duabus
cœruleis ; singulis subtus maculis basilaribus fasciaque postica maculari aurantio-fulvis.*

Papilio Ephestion , GOD. , IX , p. 42 , n° 51.
STOLL, suppl. à CRAM. , pl. XXV, fig. 1.
Papilio Ursula, FAB. , *Ent. Syst.* , III , I , p. 82 , n° 257.
SMITH-ABBOT, *Lepid. of Georg.* , I , tab. X.
Nymphalis Ursula , GOD. , *op. cit.* , p. 380 , n° 101.

Elle varie pour la taille, qui quelquefois égale à peine
celle de *Populi* d'Europe, et qui souvent est notablement plus grande.

Les quatre ailes sont légèrement dentées , d'un
brun noirâtre en dessus , glacées d'une teinte bleuâtre , beaucoup plus prononcée vers l'extrémité des inférieures. Ces dernières ailes ont parallèlement à leur
bord terminal une double ligne noire en feston, précédée d'une raie courbe transverse de la même couleur, ce qui forme trois rangées de lunules bleuâtres,
dont les intérieures sont beaucoup plus grandes. Chez
la femelle, le bleu occupe moins d'espace, et les lunules qui forment la première rangée sont tronquées,
mieux marquées, plus petites, et appuyées chacune
en arrière sur un point fauve.

Les ailes supérieures ont le sommet plus brun que

le restant de la surface et marqué d’une ou deux petites
taches blanches. Leur bord postérieur offre deux
rangées de lunules bleues ou ardoisées, plus ou moins
bien prononcées, précédées intérieurement d’une rangée de points fauves souvent peu marqués, et n’exis-
tant quelquefois que sur la moitié de l’aile la plus
voisine de la côte.

Le dessous des ailes est d’un brun un peu roux,
glacé, dans le mâle, d’une teinte bleue violâtre, excepté
au sommet des supérieures. La base de ces dernières
est marquée, dans la cellule, de deux taches fauves
entourées de noir et environnées de bleu ; la base des
inférieures offre trois taches à-peu-près semblables ; l’o-
rigine de la côte des unes et des autres est aussi d’une
couleur fauve ; le bord terminal des quatre ailes a
deux rangées de lunules bleues, précédées intérieurement d’une rangée de taches fauves bordées de noir
en arrière. Le corps est noirâtre avec le dessous du
ventre blanchâtre.

La chenille est blanchâtre ou d’un blanc roussâtre,
avec des nuances vertes qui couvrent une partie du
dos ; le second anneau est armé de deux longues cornes ferrugineuses, un peu arquées ; le cinquième porte
deux tubercules arrondis, de la même couleur ; les
autres tubercules sont verdâtres et peu saillants.

La chrysalide est roussâtre, avec le ventre nuancé
de blanchâtre, et une bosse très saillante sur le milieu
du dos.

La chenille vit sur les saules, *salix*, et, selon Abbot,

sur le *vaccinium stramineum* et quelques *cerasus*, dans plusieurs parties des États-Unis.

L'insecte parfait est assez commun en avril et juin.

N. ARTHEMIS. Pl. LIV.

Alis dentatis, fuscis, utrinque fascia communi alba strigisque duabus lunularum cærulescentium ; subtus fulvo maculatis.

Papilio arthemis. DRURY, *Ins.*, II, pl. X, f. 3, 4.
Nymphalis lamina. GOD., *Enc.*, IX, p. 580, n° 100.
Papilio lamina. FAB., *Ent. Syst.*, III, I, 118, 391.

Elle a le port de notre *Nymphalis populi* d'Europe, mais elle est ordinairement un peu plus petite.

Le dessus des ailes est d'un noir brun avec une bande commune, blanche, un peu au-delà du milieu, et une double série de lunules marginales bleues, sur les inférieures, et une seule sur les supérieures. Outre cela, ces dernières ailes offrent au sommet deux ou trois petites taches blanches, et les inférieures, chez les mâles, une rangée courbe de sept taches arrondies, ou gros points d'un fauve roux, situés entre la bande et les lunules bleues.

Le dessous diffère du dessus, en ce que le fond est d'un brun pâle, excepté sur le bord postérieur qui reste noir ; en ce qu'il y a à la base de chaque aile quelques taches bleuâtres accompagnées de gros points roux ; et, enfin, en ce que les premières ailes ont une série de points de cette dernière couleur, avant le double cordon de lunules bleues de l'extrémité.

Les échancrures de toutes les ailes sont blanches de part et d'autre. Le corps est noir, avec trois lignes blanches le long du ventre ; les antennes sont noires.

La femelle est un peu plus grande que le mâle : chez elle, la rangée courbe, de gros points fauves, est remplacée en dessus par des lunules formées d'atomes bleuâtres ; en dessous, elle offre le même dessin que le mâle.

Elle se trouve aux environs de New-York et de Philadelphie.

N. DISIPPUS. Pl. LV.

*Alis dentatis fulvis, venis limboque posteriori albo ma-
culato, nigris; posticis striga nigra recurva.*

Nymphalis disippus. God., *Enc.*, IX, p. 393, 152.
Papilio misippus. Fab., *Ent. Syst.*, III, I, p. 50. 153.
Papilio archippus. Cram., 16, A. B.

Cette *Nymphalis* a le même port que les deux précédentes, et ressemble complétement, par son dessin, à une *Danais*, particulièrement à l'*Archippus*.
Elle varie pour la taille, qui est tantôt de deux pouces
et demi, et tantôt de près de quatre pouces.

Le dessus des ailes est fauve, ou d'un fauve ferrugineux, avec les nervures et les bords noirs; le bord
terminal est chargé de deux rangs de points blancs,
dont les extérieurs plus petits, et placés sur les
échancrures; vis-à-vis du sommet des premières ailes,
où la couleur noire se dilate notablement, il y a encore trois points blancs, suivis d'une bande maculaire et transverse de quatre taches fauves.

Les secondes ailes sont traversées, au-delà du milieu et du bord externe à l'angle anal, par une raie
noire, courbe.

Le dessous des quatre ailes diffère du dessus, en ce
que tout le fond des inférieures et les taches fauves

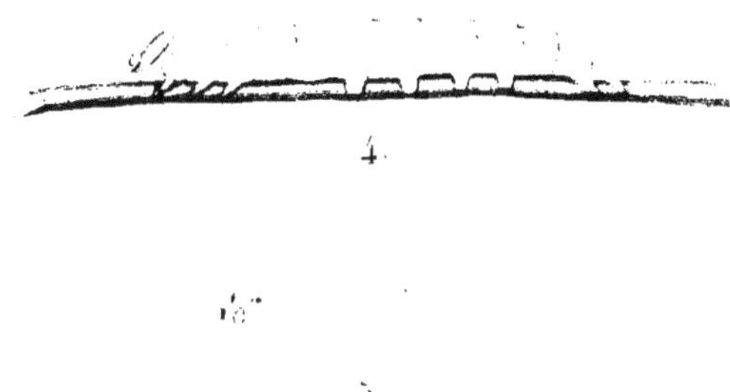

4.

5.

2.

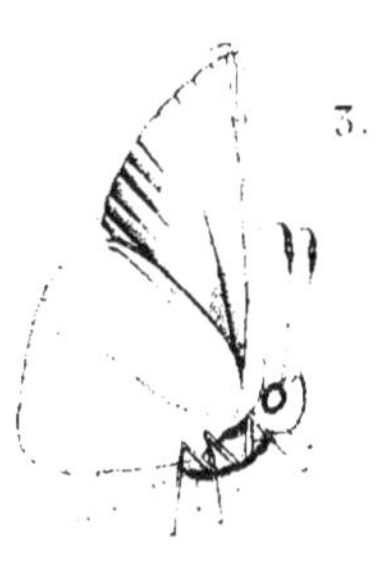

3.

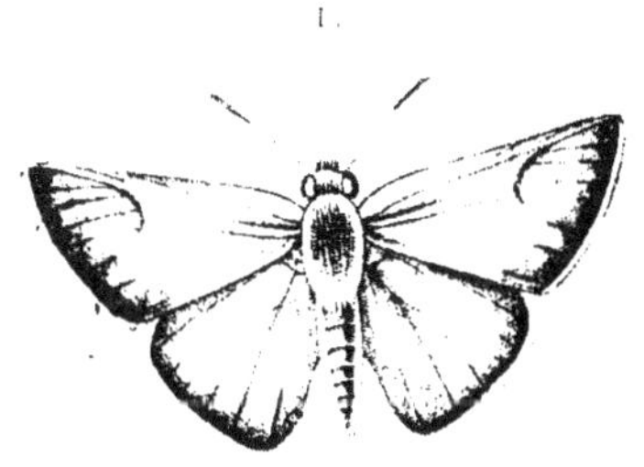

1.

1. Hesperia Bufenta *mâle*.   4. *la Chenille*.

2. *la femelle*   5. *la Chrysalide*

3. *idem en dessous*

Hesperia Arpa.

Eudamus Proteus.

du sommet sont plus pâles, en ce que les points intérieurs du bord terminal sont remplacés par une double série de lunules blanches; enfin, en ce qu'il y a
deux taches de cette dernière couleur à l'origine de la
côte des ailes de devant, et souvent un point près de
la base de celle de derrière. Les antennes sont noires
ainsi que le corps; celui-ci est ponctué de blanc sur la
tête et la poitrine.

La femelle est un peu plus grande que le mâle, et
la seconde rangée de lunules du dessous de ses quatre
ailes est d'un blanc un peu bleuâtre; du reste, elle
offre le même dessin.

La chenille est verte, variée de blanc, avec les premiers anneaux d'une couleur roussâtre.

Le second anneau porte deux cornes épineuses,
longues, un peu arquées en avant; les 3ᵉ, 5ᵉ, 6ᵉ,
7ᵉ et 10ᵉ offrent chacun une petite éminence épineuse,
et le 11ᵉ, deux épines courtes.

La chrysalide est roussâtre, avec les côtés du ventre variés de blanc, et une bosse très saillante sur le
milieu du dos.

La chenille vit sur les saules (*salix*) et plusieurs
espèces de *prunus*.

L'insecte parfait paraît en avril et juillet dans plusieurs contrées des États-Unis.

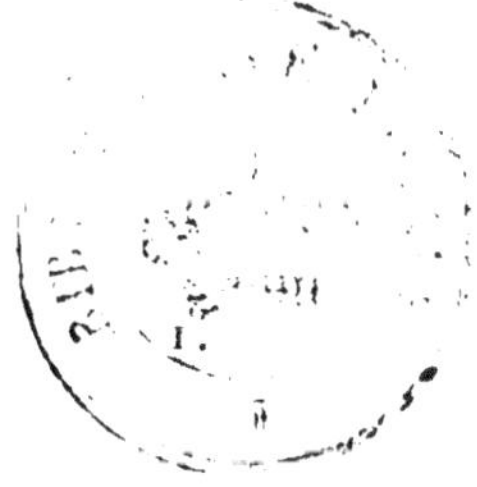

GENRE APATURA. Fab., Boisd.

NYMPHALIS. *God.*

Chenille rase épaisse, pisciforme, atténuée postérieurement, terminée par deux petites pointes anales
conniventes ; tête bifide, surmontée, de chaque
côté, d'une épine plus ou moins longue, simple,
rugueuse ou un peu rameuse ; chrysalide non métallique, un peu bifide antérieurement. *Insecte parfait ·* tête à-peu-près de la largeur du corselet,
quelquefois un peu plus étroite ; yeux grands, saillants ; antennes assez longues, terminées par une
massue cylindrique alongée ; palpes contigus, très
rapprochés à l'extrémité, dépassant notablement le
chaperon ; corselet long et assez robuste ; abdomen
proportionnellement assez petit ; ailes dentelées,
souvent à reflet bleu dans les mâles du premier et
du deuxième groupe ; les inférieures à cellule ouverte : ces dernières offrant en dessous, au moins un
petit œil anal ; les supérieures ayant toujours le
bord externe plus ou moins concave ; les secondes
l'ayant aussi quelquefois un peu concave en dehors
de l'angle anal ; le dessous des supérieures ayant
toujours dans la cellule discoïdale deux ou trois
traits noirs transversaux. Un caractère qui est en-

core à noter, c'est que, dans toutes les espéces que
nous possédons, le bout de la massue des antennes est jaune.

Les *Apatura* se rapprochent beaucoup des Satyrides
par la forme de leurs chenilles, et par les yeux qui or-
nent le dessous des ailes inférieures; mais ils en diffèrent totalement par les mœurs : les uns vivent sur
les arbres, et les autres sur les graminées.

Ce genre est médiocrement nombreux : les espéces
qui le composent habitent l'Europe, l'Amérique et les
Indes orientales. Nous les partageons en plusieurs
groupes; les deux espéces suivantes font partie d'une
petite section propre aux États-Unis, au Mexique et
aux Antilles.

APATURA CLYTON. Pl. LVI.

Alis fuscis, anticis basi fulvis maculis duabus nigris
apice flavo maculatis; posticis ocellatis; his subtus cine-
reo-violaceis striga undata nigra, ocellisque albo-pu-
pillatis.

Les ailes supérieures sont d'un fauve roux, avec
l'extrémité brunâtre, marquée de deux rangées de
petites taches, et d'une raie marginale interrompue
d'un jaune d'ocre. La portion fauve offre dans la cellule discoïdale deux traits noirs, et est séparée de la
couleur brunâtre par une raie noirâtre sinueuse.

Les ailes inférieures sont d'un roux obscur, de-
venant insensiblement brunâtre vers l'extrémité. Cette
partie est divisée par une rangée de cinq points
noirs ocellés de roux, précédés en avant d'une série
de taches quadrangulaires un peu plus claires que le
fond, souvent peu distinctes, et suivies en arrière
d'une raie marginale jaunâtre, faisant suite à celle
des premières ailes. Outre cela, il y a, à-peu-près vers
le milieu, une raie noirâtre, sinueuse, transverse, bien
distincte à son origine sur la côte.

Le dessous des quatre ailes est d'un gris-roussâtre
à reflet violet, avec une raie marginale obscure et une
raie médiane noire, transverse, flexueuse, correspondant à celle du dessus, plus marquée sur les supérieures, où elle est précédée de deux traits noirs, et

suivie des mêmes taches jaunes qu'en dessus, mais plus pâles. Cette même raie est précédée, dans la cellule discoïdale, des ailes inférieures de deux traits noirs. Les points ocellés du dessus ont la prunelle d'un blanc bleuâtre. Les échancrures de toutes les ailes sont faiblement lisérées de blanc.

La chenille vit sur plusieurs espèces de *prunus*, et autres arbres de la famille des drupacées. Elle est verte, avec quatre raies d'un jaune verdâtre. Sa tête est d'un vert jaunâtre, marquée de deux taches noires, et surmontée de deux épines courtes, rameuses et jaunâtres : les deux petites pointes anales sont un peu relevées.

La chrysalide est verte avec l'enveloppe des ailes, et quelques raies dorsales mal écrites d'un jaune verdâtre.

L'insecte parfait se trouve dans les parties méridionales des États-Unis.

APATURA CELTIS. Pl. LVII.

*Alis cinereo-rufescentibus, anticis apice fuscis albo punc-
tatis ocelloque cæco anguli ani; posticis ocellis sex
cæcis nigris lineisque duabus marginalibus fuscis;
omnibus subtus pallide fuscis, albo sparsis, ocellis pu-
pillatis.*

Elle a tout-à-fait le port de *Clyton*. Le dessus de ses
ailes est d'un gris-roussâtre pâle. Les supérieures ont
la moitié postérieure brunâtre, marquée d'une douzaine de petites taches blanches disposées sur deux
lignes un peu sinueuses, dont une ou deux près du
sommet sont ocellées de noir et très petites. Le bord
extérieur est longé par une ligne d'un gris roussâtre,
précédée, tout près de l'angle externe, d'un œil noir,
ocellé de roux jaunâtre, et s'alignant avec les taches
blanches de la seconde rangée. Outre cela, ces mêmes
ailes ont deux traits noirs transversaux dans la cellule discoïdale.

Les ailes inférieures sont traversées, vers le milieu,
par deux lignes courbes d'un gris-noirâtre, peu ap-
parentes, et, près du bord marginal, par deux lignes
parallèles ondulées de la même couleur, mais bien
marquées. Ces dernières lignes sont précédées d'une
rangée courbe de six yeux noirs, dont le second, en
comptant du bord d'en haut, est un peu plus gros,
et sensiblement rejeté en dehors ; l'anal est très petit
et manque souvent.

Le dessous des ailes est blanchâtre, et offre à-peu-près le même dessin que le dessus. Sur les inférieures, les deux lignes courbes du milieu sont précédées, vers la base, de deux ou trois petites taches annulaires brunâtres, et les yeux sont pupillés de blancs et entourés d'un petit iris jaune bien tranché.

Le dessus du corps est d'un gris-brunâtre. Le dessous est d'un gris-blanchâtre. Les antennes sont brunâtres, avec la massue jaunâtre.

La chenille vit sur le *celtis occidentalis*. Elle est verte ou d'un vert-jaunâtre, avec les côtés plus pâles et presque blanchâtres. Son dos est couvert par une raie d'un vert-jaune, bordée de chaque côté par une ligne d'un vert obscur. La partie blanchâtre est aussi divisée longitudinalement par une raie d'un vert obscur. La tête est verte, surmontée de deux petites épines bifides. Les petites pointes anales sont un peu relevées.

La chrysalide est d'un vert-jaunâtre, un peu bifide.

L'insecte parfait se trouve en Géorgie.

SATYRIDES.

Chenilles atténuées à l'extrémité et presque pisciformes; le dernier anneau bifide, terminé par deux
petites pointes coniques, contiguës, plus ou moins
prononcées, mais toujours sensibles, corps dépourvu d'épines, le plus souvent pubescent; tête
plus ou moins arrondie, quelquefois un peu échancrée en cœur ou même bifide, d'autres fois surmontée de deux épines aplaties d'avant en arrière,
s'élevant en forme d'oreilles de lièvre (genre *Cyllo*).
Chrysalide cylindroïde ou un peu anguleuse, ayant
quelquefois de petites pointes dorsales avortées
formant deux rangées de tubercules peu saillants.
Insecte parfait : tête assez petite; palpes ascendants, s'élevant notablement au-delà du chaperon,
hérissés de poils en avant; antennes terminées tantôt par un bouton pyriforme, et tantôt par une
massue grêle et presque fusiforme; ailes médiocrement robustes, à cellule discoïdale fermée; les supérieures ayant ordinairement la première nervure, souvent la seconde et même la troisième,
dilatées à leur base; quatre pattes ambulatoires.

Cette tribu est fort nombreuse; elle comprend tout
le genre *satyrus* de Latreille (*hipparchia* de Fabricius).
Au premier coup d'œil, elle parait d'abord très tran-

Eudamus? Yuccæ.

Eudamus Lycidas

Abbot pinx.   *Bonomni sc.*

Eudamus Tityrus

chée et former un centre de création à part ; mais, lorsqu'on étudie l'ensemble des lépidoptères diurnes de notre seconde division (*Suspensi*), on trouve qu'elle envoie des rameaux latéraux vers trois ou quatre autres tribus à-la-fois. A l'état de larves, elle a de l'affinité avec certains genres de la tribu des Nymphalides, dont les chenilles sont pisciformes, avec la tête surmontée de deux épines. Par les caractères de l'insecte parfait, elle touche d'assez près à la tribu des Biblides, dont tous les genres ont la nervure costale dilatée à la base.

Une particularité propre à la tribu des Satyrides, c'est que toutes les chenilles que nous connaissons, tant indigènes qu'exotiques, vivent exclusivement sur les graminées. C'est sans doute pour cette raison que l'on trouve ces lépidoptères sur toute la surface du globe.

CHIONOBAS. Boisd.

Satyrus. *Latreille. God.* Hipparchia. *Fab. Ochs.*

Chenille. . . . . *Insecte parfait;* tête un peu moins large que le corselet, intimement unie avec lui; yeux gros et assez saillants; antennes se terminant en une massue assez grèle, très alongée, formée insensiblement, et occupant près de la moitié de la tige; palpes régulièrement écartés, garnis de poils assez fins, médiocrement serrés; le dernier article très court, distinct, à-peu-près aussi velu que les précédents; corselet médiocre; ailes arrondies; les supérieures ayant la nervure costale, longuement, mais faiblement, dilatée; la médiane un tant soit peu plus sensible que les autres.

Les Chionobantes se distinguent de toutes les espèces de la tribu des Satyrides par un *facies* particulier; leur couleur pâle, terne, livide et comme étiolée, semble annoncer qu'ils sont nés là où la nature expire. Ils n'ont, avec les *Erebia* et les *Arge,* que des rapports éloignés; ils ont, au contraire, déja quelques points de contact avec les *Satyrus* par leur port et la distribution de leurs couleurs.

Toutes les espèces, excepté *Aello* qui se trouve dans les glaciers du centre de l'Europe, habitent la Laponie, le Kamtschatka, le nord de la Sibérie, le Groenland, l'Islande, le Labrador, et les montagnes rocheuses de l'Amérique septentrionale. C'est ce qui nous a engagé à leur donner le nom de *Chionobas*, formé de deux mots grecs, qui signifient : *qui va à travers la neige.*

C. BALDER.

*Alis sub-dentatis cinereo-fuscescentibus; anticis **ocellis**
duobus nigris luteo cinctis; posticis maculis luteis anali
ocellata; his subtus fuscis cinereo variegatis, fascia
media extus angulosa, obscuriori, obsoleta.*

Boisd., *Icones*, pl. XXXIX, f. 1—3.
Boisd., *in Iconog.* du *Règne anim.*, par Guérin, Ins.,
pl. LXXX, f. 1.
God.-Dup., *Suppl.*, pl. XLIX, fig. 4—5.

Il se rapproche un peu du *Jutta* de Laponie. Ses
quatre ailes sont en dessus d'un brun jaunâtre-livide,
avec une bordure un peu plus obscure. Les supérieures ont, près de l'extrémité, trois taches d'un jaune
pâle, un peu oblongues, dont celle qui avoisine le
sommet et celle qui est vers le bord interne sont marquées d'un œil noir un peu oblong. Quelquefois la
tache intermédiaire est aussi marquée d'un point noir
formant un troisième œil. Les ailes inférieures ont,
près de l'extrémité, une rangée de quatre à cinq taches d'un jaune pâle, assez grandes, cunéiformes,
plus ou moins nettes, se fondant quelquefois un peu
par leur sommet avec la couleur générale. Celle de ces
taches qui est près de l'angle anal est ordinairement
marquée d'un œil noir.

Le dessous des ailes supérieures est plus jaunâtre
que le dessus avec le bord de la côte, la pointe api-

cale et une partie de l'extrémité, d'un cendré-pâle piqué de brun. Les yeux sont un peu plus petits qu'en dessus, et ordinairement marqués d'une petite prunelle blanchâtre.

Le dessous des ailes inférieures est d'une couleur brune pointillée, et variée de gris-cendré un peu bleuâtre. Il est traversé au milieu par une large bande peu distincte de la couleur du fond, dentée régulièrement sur son côté postérieur, où elle forme une suite d'angles à-peu-près égaux. Le bord de cette bande et l'extrémité de l'aile sont plus grisâtres que le reste de la surface. Les nervures sont brunes, confondues avec la couleur du fond. La frange des quatre ailes est blanchâtre, entrecoupée de noir. Le corps est brun; les antennes sont grisâtres à leur base, et d'un jaune testacé-pâle jusqu'à l'extrémité.

La femelle est plus grande que le mâle, et à-peu-près semblable en dessus.

Il se trouve au cap Nord, au Groenland et au Labrador.

C. BOOTES.

*Alis integris supra griseo-subfusco-lutescentibus, striga
maculari, marginali, fusca; posticis subtus albo fuscoque marmoratis, fascia obscura, extus denticulata.*

Boisd., *Icones*, pl. XXXVII, f. 4—6.
God-Dup., *Suppl.*, pl. XXII, f. 3—5.
OEneis Taygete, Hubn.-Geyer, *Exot. Saml.*

Il a le port de *Bore;* mais il est plus élégant, et ses
ailes supérieures sont moins arrondies. Le dessus des
quatre ailes est d'un gris-brun jaunâtre; les supérieures
ont près de l'extrémité une raie marginale noirâtre, interrompue et très peu marquée. L'arc qui ferme la cellule discoïdale est noirâtre, et suivi d'une empreinte
anguleuse brunâtre. Le dessus des ailes inférieures
est jaunâtre, avec une empreinte obscure sur le milieu et vers la base, correspondant aux bandes du dessous. La bordure est du même ton que les ailes supérieures, et séparée de la partie jaunâtre par une raie
noirâtre, maculaire plus ou moins visible. La frange
des quatre ailes est d'un blanc-grisâtre coupé de noirâtre par l'extrémité des nervures.

Le dessous des ailes supérieures est jaunâtre, avec
le sommet et le bord de la côte blanchâtres pointillés
de brun. La cellule est traversée au milieu par une raie
noirâtre, qui se continue quelquefois jusque près du
bord interne. Au-delà de la cellule, il y a une autre

raie de la même couleur, mais plus marquée, coudée en angle aigu sur la première ramification de la nervure médiane.

Le dessous des ailes inférieures est blanchâtre, avec la base fortement variée et piquée de noirâtre, et le milieu traversé par une large bande de la même couleur, sinuée, peu anguleuse extérieurement, et beaucoup plus foncée sur ses bords que dans son milieu. L'extrémité est d'un ton un peu roussâtre, vergetée et pointillée de brun, avec une raie maculaire noirâtre plus ou moins prononcée et plus ou moins bien écrite. Les nervures sont blanches.

Le corps est brunâtre, plus obscur eu dessous. Les antennes sont d'un fauve testacé, avec la base d'un gris blanchâtre.

La femelle est un peu plus grande que le mâle, avec les ailes supérieures un peu plus arrondies.

Il se trouve au cap Nord, au Labrador et au Groenland.

C. OENO.

*Alis integris sordide griseo-subfusco-ochraceis, fusco
tenue marginatis irroratisque, ad extimum pallidioribus; posticis fusco albidoque marmoratis strigosisque
fascia obscuriori; nervis concoloribus.*

Boisd., *Icones*, pl. XXXIX, f. 4—6.
God.-Dup., *Suppl.*, pl. XLIX, f. 1—3.

Il a le port et le *facies* de *Bore;* mais il en est bien
distinct. Ses ailes sont d'une texture mince et assez
délicate. Le fond de leur couleur est en dessus d'un
gris-brunâtre livide, mêlé de jaunâtre. Les supérieures
sont presque transparentes près de l'extrémité, qui
est un peu plus jaunâtre que le reste de la surface,
avec la pointe apicale et le bord marginal chargés de
quelques petits atomes noirâtres. Les ailes inférieures
sont à-peu-près du même ton que les supérieures, et
leur transparence est telle, que l'on voit à travers tout
le dessin du dessous. Leur extrémité est un peu plus
claire, avec quelques atomes noirâtres condensés, vers
le bord marginal.

Le dessous des ailes supérieures est un peu plus
jaunâtre que le dessus, avec le sommet et le bord de
la côte grisâtres et piqués de brunâtre.

Le dessous des ailes inférieures est varié et marbré
de noirâtre et de blanchâtre, traversé au milieu par
une bande noirâtre, crénelée sur son côté postérieur,

Eudamus Cellus.

Eudamus Bathyllus

1. Eudamus ? Olynthus.

2. *idem en dessous.*

3. Hesperia Brettus *mâle.*

4. *idem en dessous.*

5. _____________ _______ *femelle*

qui quelquefois se perd presque complétement dans les marbrures du fond. L'extrémité offre près du bord quelques petits groupes d'atomes noirâtres un peu plus serrés, et formant comme une raie maculaire plus prononcée. La frange est blanche, entrecoupée de noirâtre. Le corps est brunâtre. Les antennes sont d'un jaune-testacé pâle, avec la base d'un gris brunâtre.

La femelle est un peu plus grande que le mâle; ses quatre ailes paraissent plus parsemées d'atomes; leur bordure est plus sensible; les supérieures sont plus arrondies, et leur sommet offre souvent un très petit œil à peine visible. Le dessous de ses ailes supérieures est plus jaunâtre, plus fortement saupoudré d'atomes noirâtres; le sommet et la côte sont plus blanchâtres; la cellule discoïdale paraît traversée par deux traînées d'atomes noirâtres, formant comme deux raies très peu distinctes.

Le dessous de ses ailes inférieures offre à-peu-près le même dessin que dans le mâle; mais il est un peu plus varié de blanchâtre, et la bande transverse est plus nette.

Il se trouve dans la Laponie russe, en Sibérie et à la colonie de Nain au Labrador.

C. ALSO.

*Alis sub-integris sordide griseo-subfusco-ochraceis, atomis
aliquot fuscis irroratis; posticis subtus fuscis ad extimum cinereo-albidis fusco strigatis.*

Boisd., *Icones*, pl. XL, fig. 1—2.
Satyrus Eritiosa, Harris.

Il a le port et la texture délicate de *Bore*, et il se
rapproche beaucoup d'*OEno* par son dessin. Les quatre
ailes sont d'une teinte grisâtre sale, mêlée de jaunâtre, légèrement transparentes, avec quelques petits
atomes brunâtres, un peu plus denses près de la
frange. Les supérieures sont d'un ton à-peu-près uniforme, un tant soit peu plus foncées vers la base, avec
une ombre oblique sur la nervure médiane, moins ex-
primée que dans *Bore*.

Les ailes inférieures laissent apercevoir, en transparence, le dessin du dessous.

Le dessous des premières ailes est plus visiblement
saupoudré de brunâtre que le dessus, avec la côte et
le sommet variés de grisâtre et de noirâtre.

Le dessous des ailes inférieures est brunâtre jusqu'au-delà du milieu, avec quelques atomes grisâtres
et quelques petites marbrures de la même couleur
près du bord externe. Le tiers postérieur est d'un gris
blanchâtre qui a quelque chose de violâtre, avec des
stries, des atomes et des petites ondulations noirâtres.

La bande transverse existe dans cette espèce comme chez les autres; mais elle est totalement fondue avec la couleur de la base.

La frange est d'un blanc-grisâtre, entrecoupée de noirâtre. Le corps et les antennes sont comme dans les espèces voisines.

La femelle nous est encore inconnue.

Il se trouve dans les montagnes rocheuses de N Hampshire. Il habite aussi la Sibérie

GENRE SATYRUS.

Insecte parfait : Tête un peu moins large que le corselet, intimement unie avec lui ; yeux gros, assez saillants ; antennes assez longues, se terminant tantôt en une massue forte et peu alongée, tantôt en une massue alongée et peu renflée, tantôt en une massue grêle plus ou moins arquée, et quelquefois en une massue brusquement en bouton ; palpes hérissés de poils roides, assez serrés à leur base ; le dernier article distinct, court, pointu ou en pointe un peu obtuse ; corselet médiocre ; ailes arrondies, plus ou moins denticulées ; les supérieures ayant la nervure costale très fortement et brusquement renflée à sa base ; la médiane sensiblement dilatée ou même renflée ; la radiale tantôt sans aucune dilatation, et tantôt aussi dilatée que la première.

Ce genre, tel que nous l'avons réduit, reste encore l'un des plus nombreux de la légion des Rhopalocères. Il se compose d'une foule d'espéces qui présentent toutes des caractères communs, mais qui souvent diffèrent notablement par le *facies*. Celles d'un même pays, tout en formant ordinairement des races distinctes, peuvent se classer les unes avec les autres dans une série assez linéaire : mais il n'en est pas de même lorsqu'on veut coordonner toutes les espéces connues. On trouve alors des groupes, pour ainsi dire isolés, qui ne se rattachent à aucun autre, et qui font des transitions abrutes, peu importe où on les place.

Toutes les espéces semblent cependant partir d'un même centre, qui irradie et se subdivise en tous sens pour s'anastomoser d'une manière inextricable. Aussi les espéces de l'Inde forment un rayon à part, dont les divisions et subdivisions peuvent être représentées par les *Satyrus* de l'Afrique et quelques unes de l'Océanie : celles de la Nouvelle-Hollande en forment un autre dont les ramifications viennent s'anastomoser avec les espéces d'Europe, et avec quelques unes de la branche indienne. Celles de l'Amérique du sud forment un autre type qui se lie avec celles de l'Amérique septentrionale et du Chili, qui, à leur tour, ont plus d'un point de contact avec nos *Satyrus* d'Europe.

S. PORTLANDIA. Pl. LVIII.

*Alis dentatis pallide fuscis; anticis ocellis tribus, posticis
sex cæcis; subtus subfusco-violacis, strigis fuscis duabus fasciaque albida ante oculos.*

Fab., *Ent. Syst.*, III, p. 103, 319.

Cet insecte nous a été envoyé par Abbot, comme
le *Portlandia* de Fabricius ; mais nous ne sommes pas
bien certain de l'identité. La description de cet auteur
lui convient du reste assez bien, sinon qu'il dit qu'il
est petit (*parvus*), tandis que tous les exemplaires que
nous avons vus sont au-dessus de la taille moyenne.

Il a le port du *Girondius* de l'Encyclopédie, et
quelques autres espèces américaines du même groupe,
c'est-à-dire que les secondes ailes sont un peu tronquées. Le dessus des ailes est d'un brun-livide pâle,
tirant sur le roussâtre, avec trois gros yeux noirs sur
les supérieures, et cinq sur les inférieures. Ces yeux
sont dépourvus de prunelle et entourés d'un iris jaunâtre. Souvent les premières ailes offrent en outre un
petit œil intermédiaire entre le premier et le deuxième,
et les secondes un sixième petit œil anal.

Le dessous est plus pâle que le dessus, à reflet violâtre, traversé par deux raies sinueuses brunes, entre
lesquelles on voit un arc discoïdal de la même couleur.
Les yeux sont plus nets et plus noirs qu'en dessus, à
iris jaune ; ceux des ailes supérieures sont renfermés

dans un anneau blanc oblong, et le premier est souvent pupillé de blanc ; ceux des inférieures sont presque tous pupillés de blanc, et l'anal est double et à prunelles oblongues. Outre cela, les yeux sont précédés, sur les quatre ailes, d'une bande blanche sinuée et suivis d'une ligne de la même couleur, qui est double sur les secondes ailes. Le bord marginal des quatre ailes est d'un jaune fauve. Les antennes sont jaunâtres ; le corps participe de la couleur des ailes.

La chenille vit sur les graminées en Géorgie. Elle est verte, avec deux lignes dorsales blanches et une bande latérale de la même couleur. Les pointes anales sont très prononcées et d'un blanc rosé ; la tête est surmontée par deux pointes de la même couleur, qui s'élèvent en forme d'oreilles ; le dessous du ventre et les pattes sont d'un vert blanchâtre.

La chrysalide est d'un vert plus ou moins jaunâtre.

L'insecte parfait éclôt dans le courant de l'été, et se trouve dans le bois.

S. ALOPE. Pl. LIX.

*Alis integris fusco-nigricantibus; anticis utrinque plaga
ochracea ocellis duobus dissitis; singulis subtus unda-
tis; posticis ocellis sex quatuor minutis.*

God., *Enc.* IX, p. 524, 527.
Fab., *Ent. Syst.*, III, I, p. 229, 715.
Variét.? *P. Pegala.* Fab., *op. cit.*, p. 230, 720.

Il a le port et la taille du *Phædra* d'Europe. Le dessus des ailes est d'un brun noirâtre; le dessous est
plus pâle et finement ondé de noir. Les supérieures
ont de part et d'autre, parallélement au bord terminal, une bande d'un jaune d'ocre, large, courbe en arrière, un peu sinuée en avant, n'atteignant ni la côte,
ni le bord opposé; cette bande est marquée de deux
yeux noirs éloignés, à prunelle bleuâtre, dont l'inférieur souvent plus petit ou même nul. Le dessus des
ailes inférieures offre le plus souvent, vers l'angle
anal, un œil semblable aux deux dont nous venons de
parler. Leur dessous a une rangée de six yeux à iris
jaune et à prunelle bleuâtre, dont les deux extrêmes et
les deux intermédiaires beaucoup plus petits et parfois peu distincts. Le corps est de la couleur des ailes;
les antennes sont anelées de blanc et de noir.

Nous croyons que le *Satyrus pegala* de Fabricius est
une variété qui n'a qu'un œil aux ailes supérieures.

1. **Hesperia** Cernes *mâle*.

2. *idem en dessous*.

3. ——— — *Arogos mâle*.

4. **Hesperia** Arogos *en dessous*.

5. ——— ——— *femelle*.

6. ——— — Zabulon.

7. *idem en dessous*.

E. Blanchard pinx.   Borromée dir.

Hesperia Otho

Abbot pinx   *Boccourt dir*

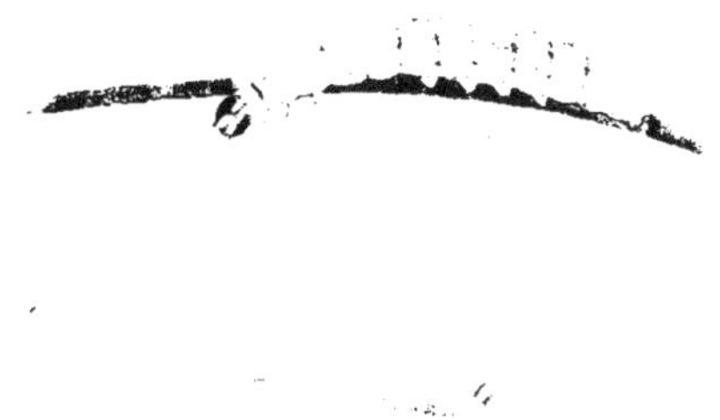

Hesperia Phyleus

Abbot pinx   *Borromée del*